彩图 1.1　巴比伦空中花园

彩图 1.2　斯图加特（德国巴登-符腾堡州）屋顶花园　　彩图 1.3　日本建筑立体绿化

彩图 1.4　法 国 馆

彩图 1.5　新西兰馆　　　　　　　　彩图 1.6　卢森堡馆

彩图 1.7　新加坡馆

彩图 1.8　香港馆

彩图 1.9　瑞士馆

彩图 1.10　印度馆

彩图 1.11　沙特馆屋顶花园

彩图 1.12　罗马尼亚馆

彩图 1.13
柱廊绿化
（垂红忍冬）

彩图 1.14
灯杆绿化

彩图 3.1　攀爬式墙体绿化（地锦）

彩图 3.2　垂钓式墙体绿化（左图：木香；右图：藤本月季）

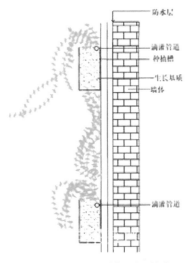

彩图 3.3　攀爬或垂钓式

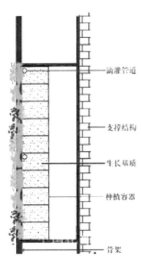

彩图 3.4　种植槽种植

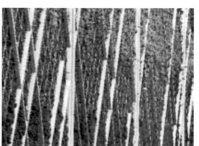

彩图 3.5 上海世博会主题馆

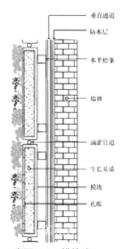

彩图 3.6 模块式

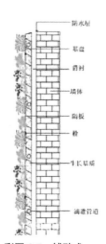

彩图 3.7 铺贴式

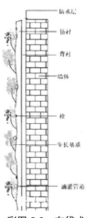

彩图 3.8 布袋式

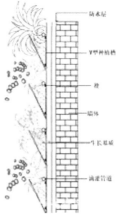

彩图 3.9 板槽式

彩图 3.10　墙面贴植（左图：藤本月季；右图：苹果）

彩图 3.11　泰阁凌霄（*Campsis* sp.）和藤本月季（*Rosa*）。由于它们的攀缘能力较弱，在两个钢架之间铺设了涂塑的铁丝网辅助其向上生长

彩图 3.12　以住宅楼的外走廊走向为基础，安上能绿化的线网。因为正好是门口前面，这样正好能防御来自对面建筑物的视线

彩图 3.13　植物与墙体的色彩形成对比（左图：地锦；右图：紫藤）

（a）扶芳藤 （b）常春油麻藤

（c）藤本月季 （d）薜荔

（e）凌霄 （f）络石

彩图 3.14 常用的墙面绿化植物

彩图 4.1 阳台绿化

彩图 4.5　悬垂式　　　　　　　　　　　彩图 4.6　藤棚式

彩图 4.7　花架式

彩图 4.8　附壁式（左图：爬山虎）

彩图 4.9　花槽式（右图：观赏番茄）

彩图 4.11 搁花板

彩图 4.12 攀缘架

彩图 4.13 栽培柱

彩图 4.14　凸阳台绿化　　　　　　彩图 4.15　凹阳台绿化

彩图 4.16　开放式南阳台绿化

彩图 4.17　封闭式南阳台绿化

彩图 5.1 木质门，在植物选择上就应烘托出木质门特有的气息

彩图 5.2 围墙、门柱、栏杆、铁艺门、照明灯、地面铺装、规整的草坪、修剪圆润的球状植物与建筑浑然一体，是欧洲古典风格及现代主义风格的绝佳搭配

彩图 5.3 绿门式绿化

彩图 5.4 结合式绿化

彩图 5.5 棚架式绿化

彩图 5.6 门柱的绿化。植物材料可以在门柱基部设置种植槽用来种植藤本植物，并在门柱上采取一定的措施使藤本植物固定

彩图 5.7 在门柱的顶部设置种植槽，里面种植矮牵牛对门柱进行装饰

彩图 5.8 大门两侧的花墙绿化

彩图 5.9 台阶的绿化

彩图 5.10 用藤本月季进行庭廊绿化

彩图 5.11 雨篷的绿化

彩图 5.12 为了突出白色的外壁,以粉色的百日草装饰,加上悬挂的花盆,更显出立体感

彩图 5.13 将橙色、白色、紫色的三色堇配置于视线上方,构成明快的气氛,脚边生机勃勃的牵牛花,更增添华丽的韵味

彩图 5.14 在宽敞的大门走道,将盆花艺术地摆放,形成一个艺术角,牵牛花和新几内亚凤仙花等粉色系列的草花并列着,给人和谐统一的感觉

彩图 5.15 大门前搭上架子,栽上葡萄等植物,这样不仅能收获花卉和果实,还能得到一个遮阳的凉爽空间

彩图 5.16
充分发挥台阶和悬挂花篮的效果,各种颜色的三色堇使大门通道五彩缤纷,而且还可以利用台阶和铁门来配置高低不同的花盆,达到绚烂的立体绿化效果

彩图 6.1 《圆明园四十景图》的"慈云普护"一节中有"一径界重湖间，藤花垂架"的描述

彩图 6.2 北京恭王府中二三百年前的的紫藤花架郁郁葱葱，给游人带来阵阵清凉

彩图 6.5 凌霄花架

彩图 6.6 棚架上爬着铁线莲，不仅给露台带来了阴凉，也装点着露台这个园艺小屋的入口

彩图 6.9 独立结构花架

彩图 6.10 竹木结构花架

彩图 6.11 钢筋混凝土结构

彩图 6.12 砖石结构

彩图 6.13 金属结构

彩图 6.14 混合结构

彩图 6.15 几何棚架

彩图 6.16 半棚架式

彩图 6.17 跳踞式

彩图 6.18 跨越式

彩图 6.19 单挑式

彩图 6.20 单柱式

彩图 6.21 紫藤花架

彩图 6.22 藤本月季花架

彩图 6.23 葡萄棚架

彩图 6.24 木香棚架

彩图 6.25　常春油麻藤棚架

彩图 6.26　凌霄棚架

彩图 6.27
猕猴桃棚架

彩图 7.8　镶嵌吊盆的组合式栏杆

彩图 7.9　北京马甸玫瑰园
外围的种植池绿化

彩图 7.10　挡墙与栏杆结合的绿化形式

彩图 7.11　白色栏杆与绿色植物搭配
形成的质朴的景观效果

彩图 7-12
开花植物与栏杆搭配
形成热烈的商业氛围

彩图 7.13　栅栏旁有层次的植物配置

（a）藤本月季（1）　　　　　　　　　（b）藤本月季（2）

彩图 7.14
道路中心绿化装饰的栏杆

（c）矮牵牛、凤仙花、孔雀草

彩图 7.15　过街天桥外侧隔离带绿化

彩图 7.16
立交桥护栏绿化

彩图 7.17　用地周围疏密有致的绿化种植

彩图 7.18　私人庭院入口田园风格栏杆绿化　　彩图 7.19　私人庭院入口简约风格栏杆绿化

彩图 8.1　假山绿化可以使山石生姿，
　　　　　给自然增趣

彩图 8.2　拙政园远香堂旁的水边石岸，布满
　　　　　爬山虎，每到夏季郁郁葱葱、生机勃勃

彩图 8.3　常熟燕园七十二石猴假山上的爬山虎

彩图 8.4　山石上的常春藤

彩图 8.6　崂山太清宫内的"汉柏凌霄"

彩图 8.5　假山绿化还可以参照岩石园进行植物选择（罗汉松）

彩图 9.1
高羊茅、狗牙根、紫花苜蓿
混播的场景

彩图 9.2 马棘、紫花苜蓿、白三叶、
高羊茅草灌结合混播的场景（杭州及周
边地区）

彩图 9.3 弯叶画眉草、马棘、截叶胡
枝子草灌结合混播的情景（杭州及周
边地区）

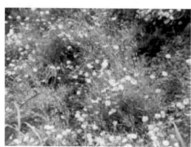

彩图 9.4 大花金鸡菊在边坡绿化
中的应用

彩图 9.5 混色波斯菊在边坡绿化
中的应用

彩图 9.6
蛇目菊在边坡绿化中的应用

彩图 9.7　二月兰在边坡绿化中的应用

彩图 9.8　液压喷播

彩图 9.9　客土喷播

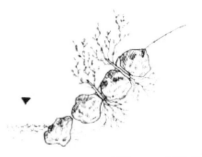

彩图 9.10　扦插–抛石联合技术护岸

彩图 9.13　自嵌式植生挡土墙应用

彩图 9.14　格宾柔性护岸

彩图 9.15　坡面情况一（现状）

彩图 9.16 坡面情况二（现状）

彩图 9.17 坡面情况三（现状）

彩图 9.18 实景效果

彩图 10.5　法国艾克斯普罗旺斯　　彩图 10.6　北京西三旗桥体墙面绿化
　　　　　一座大桥上的墙面绿化

彩图 10.7　桥体下方绿化

彩图 10.8　桥柱绿化

彩图 10.9
　　济南立交桥防护栏利用万寿
菊、彩叶草花槽进行绿化

彩图 10.10
绵阳市科委立交桥防护栏
利用矮牵牛花槽进行绿化

彩图 10.11　上海过街天桥防护栏
旁利用种植槽装饰桥体

彩图 10.12　立交桥桥体防护栏旁
利用种植槽进行绿化

彩图 10.13　北京四元桥周围绿化
采用"乔+灌+草"的方式

彩图 10.14　北京复兴门立交桥周围采用"灌+草"的方式

彩图 10.18　高架桥标准段一
绿化效果图

彩图 10.19　高架桥标准段二绿化效果图

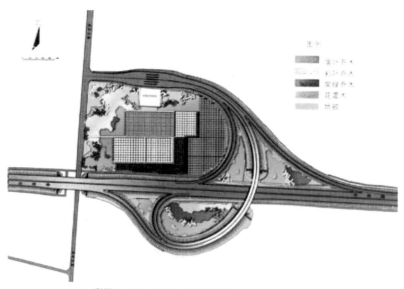

彩图 10.20　良官路立交园林景观规划设计平面图

彩图 11.1　北京王府井王
府停车楼屋顶花园

彩图 11.2　青岛某饭店屋顶花园

彩图 11.3　上海是20世纪90年代末最早推广轻型屋顶草坪的城市

彩图 11.4　成都市屋顶绿化

彩图 11.14　屋顶花园角落

　　地点：上海。

　　在屋顶花园的西北角落，布置慈孝竹以软化空间，竹子外围有羊齿天门冬（*Asparagus filicinus*）和栎叶雪片八仙花（*Hydrangea quercifolia* 'Snowflake'）镶边。布置时不仅考虑了四时的景观，而且与植物发挥的生态效益结合在一起，例如茶梅、花叶活血丹等保健植物或杀菌力强或可以释放芳香物的植物，有益于人体的身心健康；美人蕉、熊掌木（*Fatshedera lizei*）、八角金盘等可以抵抗多种有害气体；花叶蔓长春花（*Vinca major* 'Variegata'）、花叶扶芳藤（*uonymusfortunei* 'Harlequin'）、金叶过路黄等不仅叶色丰富，更是耐旱性强，具有良好的节水功能。

彩图 11.15　植物以色块形式布置

　　地点：上海。

　　植物以色块形式布置，较高大的石楠（*Photinia serrulata*）布置在建筑的角落里，中间为较低矮的地被，有红叶的红花　木（*Loropetalum chinense var. rubrum*）、黄绿相间的花叶薄荷、花叶活血丹、金叶过路黄等。

彩图 11.16　紧邻主干道的屋顶花园植物配置

　　地点：上海。

　　由于紧邻主干道，在屋顶花园中，选择了石楠、羊齿天门冬、地中海荚 （*Viburnum tinus*）等滞尘能力强的植物以及花叶玉簪、熊掌木、木贼（*Equisetum ramosissimum*）、大花萱草（*Hemerocallis fulva var. flore-pleno*）、甘坪十大功劳、八角金盘、丛生福禄考（*Phlox subulata*）和花叶常春藤（*Hedera nepalensis*）等吸收有害气体或保健功能的植物。

彩图 11.16　观赏要求较低和养护不便的屋顶花园

　　地点：上海。

　　对观赏要求较低和养护不便的屋顶花园，采用地毯式设计，选择抗旱能力强的佛甲草和八宝景天与抗污染较强的大吴风草（*Farfugium japonicum*），降低了建造和养护成本。

彩图11.18　上海世博会伦敦零碳馆屋顶

地点：上海。

通过种植景天科植物和露台菜园，有效的降低了屋顶表面温度和室内温度。

彩图11.18　上海世博会中国馆屋顶

地点：上海。

中国馆屋顶37000平方米的空中花园——"新九洲清晏"设计灵感来自圆明园九州清晏，在开阔的水面上修建九个小岛，乔灌花草巧妙搭配，展示祖国丰富的地貌特征，屋顶绿化增加了刚性建筑的阴柔之美，为游人提供了舒适的空中园林休闲空间。

彩图 12-1　盛花花坛

彩图 12-2　模纹花坛

彩图 12-3　造型花坛

彩图 12-4　造景花坛　作品:《祈福门》

彩图 12-5　造景花坛　作品:《植树人》

彩图 12-6　独立式花坛

彩图 12-7　组合式花坛

彩图 12-8　梯架式花坛

彩图 12-9　立体式花坛

彩图 12-10　格架式花坛

彩图 12-11　艺术性

彩图 12-12　文化性　作品:《海纳百川》

城市
立体绿化技术

付 军 主编

化学工业出版社

·北京·

本书内容主要包括墙面绿化、阳台绿化、门庭绿化、棚架绿化、篱笆与栏杆绿化、假山与枯树绿化、坡面及台地绿化、城市桥体绿化、屋顶绿化、立体花坛、立体绿化主要植物种类等共十三章内容。

为了更好地服务读者，书中大部分图增加彩色插图附在全书最前面。第十三章立体绿化主要植物种类采用彩色印制，设计师及绿化工作者可更好地根据植物生长模式和效果选择所需植物。

全书内容丰富，语言流畅，在内容上注重实用性，形式上图文并茂，对城市园林景观规划设计及园林绿化的初、中、高级技术人员具有很高的参考价值，也适合高等学校园林景观规划设计及园林绿化相关专业的师生使用。

图书在版编目（CIP）数据

城市立体绿化技术/付军主编. —北京：化学工业
出版社，2011.7（2021.11重印）·
ISBN 978-7-122-11401-3

Ⅰ. 城… Ⅱ. 付… Ⅲ. 城市-绿化 Ⅳ. S731.2

中国版本图书馆 CIP 数据核字（2011）第 100558 号

责任编辑：袁海燕　　　　　　　　　　　装帧设计：关　飞
责任校对：宋　玮

出版发行：化学工业出版社（北京市东城区青年湖南街 13 号　邮政编码
　　　　　100011）
印　　装：涿州市般润文化传播有限公司
850mm×1168mm　1/32　印张 7½　彩插 16　字数 206 千字
2021 年 11 月北京第 1 版第 3 次印刷

购书咨询：010-64518888
售后服务：010-64518899
网　　址：http://www.cip.com.cn
凡购买本书，如有缺损质量问题，本社销售中心负责调换。

定　　价：58.00 元　　　　　　　　　　　　版权所有　违者必究

本书编写人员

主　　编：付　军

副 主 编：李建静　赵　妍　冯　丽

编写人员：付　军　李建静　赵　妍

　　　　　冯　丽　张贵鑫　王　君

　　　　　刘晓静　刘　丽　孙　汀

前 言

在城市迅猛发展，人口爆炸和各种环境问题日益严重的今天，人们对绿化在城市建设功能中的认识已不再是单纯的可有可无的点缀、装饰，而是深刻认识到绿化对改善城市生态环境、塑造城市形象有着不可替代的作用。立体绿化作为城市绿化系统的一种，正以其生态性、经济性、实效性、美化性等优势在钢筋、混凝土结构构架的人群生存空间扩展，创造着"第二自然"，它在整个城市中所起的活跃、积极的作用是任何其他基础设施无法取代的。

立体绿化是充分利用空间优势，利用植物进行绿化、美化环境的一种方式。通过人工创造的特殊环境，使园林植物出现在建筑物的墙壁、阳台、窗台、屋顶以及棚架、栏杆、坡地等的表面，借以增加城市的绿化面积。城市立体绿化可以弥补地面绿化的不足，在丰富植物景观、提高城市绿化覆盖率、改善生态环境方面都起着重要作用。

本书系统阐述了城市立体绿化的基本理论和方法，通过本书的学习能够掌握各种城市立体绿化的基本方法和技术。本书在内容上注重实用性，形式上图文并茂，对城市园林景观规划设计及园林绿化的初、中、高级技术人员具有很高的参考价值，也适合高等学校园林景观规划设计及园林绿化相关专业的师生使用。

本书内容主要包括墙面绿化、阳台绿化、门庭绿化、棚架绿化、篱笆与栏杆绿化、假山与枯树绿化、坡面及台地绿化、城市桥体绿化、屋顶绿化、立体花坛、立体绿化主要植物种类等共十三章内容。为了更好地服务读者，书中大部分图增加彩色插图附在全书最前面。第十三章立体绿化主要植物种类采用彩色印制，设计师及绿化工作者可更好地根据植物生长模式和效果选择所需植物种类。

本书由付军担任主编，青海省西宁市人民公园的李建静、北京市大兴区林业工作站的赵妍、北京农学院的冯丽担任副主编。其中付军编写第一章、第二章、第三章、第八章、第十二章、第十三章；李建静编写第十一章；赵妍编写第九章；冯丽、孙汀编写第七章；张贵鑫编写第十章；王君编写第四章；刘晓静编写第六章；刘丽编写第五章；全书由付军统稿。

本书在编写过程中参考了正式出版的相关书刊，已列入参考文献中。在此表示感谢。

由于编者水平有限，疏漏和不当之处在所难免，恳请各位读者批评指正。

编者

2011 年 8 月

目 录

第一章
概 述

随着城市现代化建设的发展和城市规模的不断扩大，城市建筑密度越来越大，城市人口与日俱增，城市中（尤其是老城区）可用于园林绿化的土地越来越少，很难再依靠传统的平面（地面）绿化来增加城市绿化总量和绿化覆盖率。而在城市绿化中进行垂直绿化是拓展城市绿化空间，提高城市绿化水平，改善城市生态环境的有效途径。

一、国内外立体绿化的历史发展进程

立体绿化在我国和世界其他国家都有着悠久的历史。早在大汶口出土的陶片上，已经发现了早期花盆的雏形。5000 余年前的祖先们已经学会使用容器进行花卉人工栽培，这就是最早的立体绿化雏形。20 世纪 20 年代初，在古代幼发拉底河下游地区挖掘著名的乌尔古城时，发现了古代苏美尔人建造的"大庙塔"，其三层台面上有种植过大树的痕迹。立体绿化有文字可考的历史应该始于古巴比伦著名的"空中花园"。三层台式结构远看好像长在空中，形成"悬苑"。巴比伦"空中花园"是公元前 604～562 年，新巴比伦国王尼布加尼撒二世娶了波斯国一位美丽的公主，名叫塞米拉米斯。

公主日夜思念故国山乡，郁郁寡欢。国王为了取悦与她，下令在平原地带的巴比伦堆筑土山，并用石柱、石板砖块、铅饼等垒起每边长 125 米，高达 25 米的台子，在台子上层层建造宫室，处处种植花草树木，古巴比伦的"空中花园"被认为是世界七大奇迹之一（图 1.1，彩图 1.1）。

图 1.1　巴比伦空中花园

到了近代，园艺技术的积累使立体绿化向更为实用的方向发展，并取得了丰硕的成果，出现了全球化、多样化、规模化、迅速化和法制化的趋势。1959 年，美国加利福尼亚州奥克兴市的 Kaiser Center 建成面积达 1.2 公顷的屋顶花园，既考虑了屋顶结构负荷、土层深度、植物选择和园林用水等技术问题，也考虑到高空强风以及毗邻高层建筑的俯视景观等技术和艺术要求。美国还在屋顶上发展温室大棚无土栽培生产蔬菜，在增加绿量的同时获得丰盈的经济效益；日本东京于 1991 年 4 月将立体绿化纳入法制轨道，并颁发了《城市绿化法》，1992 年 6 月又制定了"都市建筑物指南"，对城市建筑物的绿化作了更为具体的规定；花园城市新加坡的建筑物、街道两侧、屋顶、阳台以及墙面到处都被绿色所覆盖；波兰政府经过数十年的立体绿化，已将华沙建成世界上人均绿地面积最多的首都，高达 78 平方米/人；德国推行"绿屋工程"，其围墙堆砌所需的构件均已实现商品化，目前德国 80% 的屋顶都实施了绿化工程（图 1.2，彩图 1.2）；英国剑桥大学利用墙面贴植技术，采用高大乔木银杏使墙面犹如覆盖了一层绿色壁毯；匈牙利的布达佩斯也是繁花似锦的花园城市，该市居民楼的每户阳台上布满藤蔓植物，每个楼梯上及转弯平台处也摆放盆装鲜花，通过自己的实际行动来发展立体绿化事业；巴西研发了"生物墙"，即墙体外层用空心砖砌就，内填树脂、草子和肥料等进行立体绿化。德国、日本、韩国等国的立体绿化相关技术已经相当成熟（图1.3，彩图1.3）。

图1.2　斯图加特（德国巴登-符　　　图1.3　日本建筑立体绿化
腾堡州）屋顶花园

此外，在俄罗斯、意大利、澳大利亚、瑞士等国的大城市，也都有千姿百态、风格各异、风景绮丽的屋顶花园。国外还有不少国家规定，城市不准建砖墙、水泥墙，必须营造"生态墙"，具体做法是沿墙等距离植树，中间种植攀缘爬藤类花草，也可辅以铁艺网，这样省工、省料，而且实用的形式，既达到了垂直绿化效果，又可以起到透绿的作用。

国内很多省（市）立体绿化建设始于20世纪60年代。随着国内经济建设的突飞猛进，人居环境和生活质量的评价日益受到重视。例如北京、上海、重庆、深圳、杭州、长沙等城市，立体绿化自发地以各种形式展开。80年代以来，乔灌木墙面贴植新技术、藤本植物速生新技术以及高架桥下阴暗立柱绿化技术的应用，为城市中心增加绿色开辟了新的途径。

在2010年的上海世博会上，各具特色、美轮美奂的世博场馆的立体绿化布置成为重要看点。据统计，世博会近240个场馆中，80%以上做了屋顶绿化、立体绿化和室内绿化，展示了现代绿化事业的新理念和新技术。比如法国馆内高达20多米、环绕整个室内空间硕大悬空的绿柱，让所有进入馆内的游客为之震撼。绿柱在成型的立体容器内植入多样的绿色植物，表现了法国人追求无限绿色空间的理念，也体现了法国高超的绿墙技术。绿色植物选用了适应上海气候条件的众多植物种类，如瓜子黄杨、细叶针茅草、玉簪等（图1.4，彩图1.4）；新西兰馆的屋顶是一个半地下建筑的屋面，整个屋面是一个完整的坡状屋顶花园，可供游人进入近距离参观。绿化植物包括新西兰火山口高原植被、新西兰珍贵树种树蕨、沙漠植物以及食用蔬菜等（图1.5，彩图1.5）；卢森堡馆表现的是森林城堡，场馆外墙层层叠叠沿口的花卉和观叶植物柔化了不锈钢组成的建筑。屋顶上的植物也全部种植在不锈钢围成的树坛中。主体植物材料是观叶植物红叶石楠、红叶李、花叶蔓长春和草花矮牵牛（图1.6，彩图1.6）；新加坡馆屋顶花园展示的是一座精致美妙的热带花园，花园中有蝎尾蕉、天南星、蕨类等100多种热带植物，还有石斛兰、肾药蜻蜓兰等20多种兰花。为了应对上海盛夏的炎热，创造屋顶植物生长所需的适宜气候条件，屋顶硬质设施外表全部由编织的天然柳条包裹，气生植物柱上则不但有微喷技术，还有兼具美观功能的遮阴设施，便于植物快速恢复、利于生长（图1.7，彩图1.7）。我国香港馆在顶层营造了一个水景花园，这是一个完全开放的空间，没有屋顶遮盖，保证植物与阳光、雨水的亲密接触。参观者可以穿过这片约由40棵乔木（大多为南方榕树和本地的桂花）组成的林木区，然后在木制观景廊中徜徉，观赏人工水景，感受香港的"湿地生态区"（图1.8，彩图1.8）。瑞士馆约4000平方米的草地式屋顶，展示瑞士乡村风光（图1.9，彩图1.9）；印度馆绿色的草皮覆盖在中央穹顶上，浓浓的绿意中镶嵌着"生命之树"的铜制雕刻（图1.10，彩图1.10）；沙特馆形似"月亮之船"的顶部甲板实际上就是一个屋顶花园。该屋顶花园的主体植物"椰枣"，与沙特馆地面的配套绿化遥相呼应，具有浓郁的地中海特色风光（图1.11，彩图1.11）；外形似青苹果的罗马尼亚馆一侧的"苹果切块"表面被设计成了一个绿树环绕的看台，8棵容器栽植的"花叶水腊"树，组成了看台的天然屏障（图1.12，彩图1.12）；加拿大、芬兰、美国等馆都利用墙面或屋顶展示不同程度的绿色空间。爱尔兰、墨西哥、德国等馆则采用了斜面绿坡的做法，既节约地面空间，又改善了立面环境。

2010 年上海世博"场馆立体绿化"蕴涵了倡导可持续发展的要求，演绎了"低碳"的世博主题，成为一组动人的"绿色交响曲"。由此也可以看出，立体绿化已不再是一种园艺手段，更已经成为城市空间延续发展不可或缺的组成部分。

图 1.4　法国馆

图 1.5　新西兰馆

图 1.6　卢森堡馆

图 1.7　新加坡馆

图 1.8　中国香港馆

图 1.9　瑞士馆　　　　　　　图 1.10　印度馆

图 1.11　沙特馆屋顶花园　　　图 1.12　罗马尼亚馆

二、立体绿化的定义与类型

立体绿化是指利用城市地面以上的各种不同立地条件，选择各类适宜植物，栽植于人工创造的环境，使绿色植物覆盖地面以上的各类建筑物、构筑物及其他空间结构的表面，利用植物向空间发展的绿化方式，包括立交桥、建筑墙面、坡面、河道堤岸、屋顶、门庭、花架、棚架、阳台、廊、柱、栅栏、枯树及各种假山与建筑设施上的绿化。

城市立体绿化是城市绿化的重要形式之一，是改善城市生态环境，丰富城市绿化景观重要而有效的方式。发展立体绿化，能丰富城区园林绿化的空间结构层次和城市立体景观艺术效果，有助于进一步增加城市绿量，减少热岛效应，吸尘、减少噪声和有害气体，营造和改善城区生态环境。

目前广泛使用的形式有墙面绿化、阳台绿化、门庭绿化、花架、棚架绿化、篱笆与栏杆绿化、柱廊绿化、假山与枯树绿化、坡面绿化、桥体绿化、屋顶绿化等。

(1) 墙面绿化 墙面绿化是泛指用攀缘植物装饰建筑物外墙和各种围墙的一种立体绿化形式。包括攀缘类墙面绿化和设施类墙面绿化。攀缘类墙面绿化是利用攀缘类植物吸附、缠绕、卷须、钩刺等攀缘特性，使其在生长过程中依附于建筑物的垂直表面。攀缘类壁面绿化的问题在于不仅会对墙面造成一定破坏，而且需要很长时间才能布满整个墙壁，绿化速度慢，绿化高度也有限制。设施类墙面绿化是近年来新兴的墙面绿化技术，在墙壁外表面建立构架支持容器模块，基质装入容器，形成垂直于水平面的种植土层，容器内植入合适的植物，完成墙面绿化。设施类墙面绿化不仅必须有构架支撑，而且多数需有配套的灌溉系统。

(2) 挑台绿化 挑台绿化是技术上最容易实现的立体绿化方式，包括阳台、窗台等各种容易人为进行养护管理操作的小型台式空间绿化，使用槽式、盆式容器盛装介质栽培植物是常见的绿化方式。挑台绿化应充分考虑挑台的荷载，切忌配置过重的盆槽。栽培介质应尽可能选择轻质、保水保肥较好的腐殖土等，云南黄馨、迎春、天门冬等悬垂植物是挑台绿化的良好选择，同时也可以选用如丝瓜、葡萄、葫芦等蔬菜瓜果，增添生活情趣。

(3) 门庭绿化 指各种攀缘植物借助于门架以及与屋檐相连接的雨篷进行绿化的形式，融和了墙面绿化、棚架绿化和屋顶绿化的方式方法。

(4) 棚架绿化 棚架绿化是各种攀缘植物在一定空间范围内，借助于各种形式、各种构件在棚架、花架上生长，并组成景观的一种立体绿化形式。棚架绿化宜选用生长旺盛、枝叶繁茂、开花观果的攀缘植物，常见如紫藤、凌霄、藤本月季、忍冬、金银花、葡萄、牵牛花等。同时可视建筑物的质地、体量以及环境要求来选择合适的植物材料。

(5) 篱笆与栏杆绿化 是攀缘植物借助于篱笆和栅栏的各种构件生长，用以划分空间地域的绿化形式。主要是起到分隔庭院和防护的作用。可使用观叶、观花攀缘植物间植绿化，也可利用悬挂花卉种植槽、花球装饰点缀。

（6）柱廊绿化 主要是指对城市中灯柱、廊柱、桥墩等有一定人工养护条件的柱形物进行绿化。一般有两种模式：攀缘式和容器式。攀缘式可选用具有缠绕或吸附功能的攀缘植物包裹柱形物，形成绿柱、花柱的艺术效果（图1.13、图1.14，彩图1.13、彩图1.14）；容器式是通过悬挂等方式固定人工定期管理的小型盆栽来实现绿化。

图1.13 柱廊绿化（垂红忍冬）　　　图1.14　灯杆绿化

（7）假山与枯树绿化 指在假山、山石及一些需要保护的枯树上种植攀缘植物，使景观更富自然情趣。

（8）坡面、台地绿化 指以环境保护和工程建设为目的，利用各种植物材料来保护具有一定落差的坡面绿化形式。

（9）城市桥体绿化 城市桥体绿化指对立交桥体表面的绿化，既可以从桥头上或桥侧面边缘挑台开槽，种植具有蔓性姿态的悬垂植物，也可以从桥底开设种植槽，利用牵引、胶黏等手段种植具有吸盘、卷须、钩刺类的攀缘植物。同时还可以利用攀缘植物、垂挂花卉种植槽和花球点缀来进行立交桥柱绿化等。这种绿化形式属于低养护强度的空间形态，要求植物具有一定的耐旱和抗污染能力。

（10）屋顶绿化 屋顶绿化包括在各种城市建筑物、构筑物等的顶部以及天台、露台上的绿化。

三、立体绿化的作用与功能

1. 拓展绿色空间，提高城市绿化面积

在德国，开敞型屋顶绿化50%以上的面积会被计入绿地率，我国有些城市也规定了屋顶绿化绿地率的计算方法。如北京市在《北京市园林局北京市规划委员会关于北京市建设工程绿化用地面积比例实施办法补充规定》京园规字〔2002〕412号中规定了屋顶绿化占绿地面积指标的计算方法："建设项目实施屋顶绿化，建设屋顶花园，在符合下述条件时，可按其实有面积的1/5计入该工程的绿化用地面积指标。①该建设工程用地范围内无地下设施的绿地面积已达到《北京市城市绿化条例》相应规定指标50%以上者；②实行绿化的屋顶（或构筑物顶板）高度在18米以下；③按屋顶绿化技术要求设计，实现永久绿化，发挥相应效益"。

2. 有效改善生态环境

（1）是氧气制造厂 绿色植被能吸收空气中的二氧化碳并在阳光照射下释放出人们所需要的氧气。一片绿地就是一个氧气制造厂。氧气在空气中的含量就是空气质量的一个标志。充足的氧气会对人们的身心健康带来很多好处。

（2）是颗粒污染物的吸附器 颗粒污染物在空中飘浮，人们在呼吸时吸入身体，会产生呼吸系统和肺部疾病，影响人们的身体健康。植被可以吸收空气中的颗粒污染物，因为植物的叶子表面有绒毛和许多皱褶，当灰尘漂过时，就被吸附下来了。而当下雨时，又被雨水冲刷下来随着地表水一同流走，等待下次再吸附。1000公顷的绿色植物一年能吸附200吨的灰尘。

（3）是空气干、湿度的调节器 植被能调节空气中的湿度。空气的干湿度是影响人们生活舒适度的一个重要指标。过干的空气使人口干舌燥，并且容易产生皮肤干裂，口鼻黏膜出血等。在冬天过于潮湿的空气又会使人们身体中的热量散失快，而使人们有十分寒冷的感觉。夏天空气湿度过大，又使人们身体上的热量不能顺利经汗腺排泄而感觉十分闷热难受。而绿色植被能调节空气的湿度，当空气过于干燥时，植被茎叶的水分蒸发量增大而使周围空气水汽多

而湿度变大，而在多雨天和绵绵细雨时，而植被能把水分吸附起来，从而又使得空气不那么潮湿。

3. 减少噪声和光污染

城市的噪声和光污染是城市中的隐形杀手。轻者会使人心烦意乱，影响人们的生活，严重时会使人产生精神疾病，更有甚者还可能引发产生交通事故。有绿化时，城市产生噪声和光的能量会被植被表面的绒毛和皱褶吸收，并且植被表面的绿色本身反射光少，因而有植被时其光和声对人的影响小。另外，还由于光波、声波遇到植被后，虽然有部分要反射，但是其方向是散乱的而不能形成集束声、光波，因而又会减轻对人的影响。而没有绿色植被的建筑物表面是光滑的，其反射声和光的能力极大，这就会产生极大的噪声和光的污染。

4. 节约能源

能源问题是摆在各个政府面前的一项重大事情，对于我国来说更是事关大局。因为我们国家是纯能源进口国，每年要进口 1/3 以上的原油。节约能源对于我们来说具有战略意义。由于立体绿化能使房屋四周、阳台、屋顶都披上植被，有植被的房屋室内温度能降低 3～5℃。这 3～5℃ 的温差需要用大量的能源才能降得下来的，因此在夏季空调可以降低约 30%～50% 的用电量。同时冬季由于有植被的保温作用，又可以使温度上升，空调加温也少用电。这是一个巨大的节能效应。对于我们现在倡导的节约型社会具有巨大的政治、经济、社会意义。

5. 缓解城市热岛效应

众所周知，现代城市在其中心区存在着"热岛"效应。城市的中心区由于人口密集，所消耗的能量多，排出的热量多。在建筑物密集的中心区，空气的流通性差，热量不容易散发出去，造成其温度要比城市外围区域高出几摄氏度形成"热岛"。这几度的温度不但使"热岛"区域的人们工作、学习、生活不舒适，还由于温度的升高能源使用增加，设备损坏率增大等带来诸多问题。有植被的地方在太阳的直接照射下，其温度要比没有植被时低 3～5℃。植被越多温度降低得越多。如果城市里的所有建筑都能进行立体绿化，那么这城市中的"热岛"效应也就可以减轻甚至可以消除。这样城市人群的生活质量就可以大大提升。加拿大的一项研究表明，如果多伦多市屋顶面积有6%（650万平方米）被绿化，其直接的效益是：热岛效应降低1～2℃，直接温室气体排放减少1.56～2.12兆吨/年。

6. 节约土地资源

如果在城市中心区能有大片的绿化地当然是最好不过的，但对于人口众多的国家来说是可想而不可得的，特别是我国有十四亿人口，人均耕地只有世界平均值的七分之一的国家来说更是不可能的。现实决定了在城市的中心区域不可能有更多的绿地，那能替代它的唯有立体绿化了。如果能把所有的建筑物都进行立体绿化，就相当于在不另外用地的情况下，增加一倍的城市绿化，相当于增加多少个专门的花园，而且是美丽的空中花园。

7. 给人美的享受和调节人们的情绪

在高楼林立的城市中，见到的都是楼房林立和钢筋混凝土，人们都希望见到绿色，在绿色中工作的人精神轻松愉快，工作效率高。若立体绿化中栽种有各种千姿百态、万紫千红、花香四溢的植物就可以创造绿色的环境而且是美丽的环境。

四、立体绿化的未来发展方向

1. 空间的向天性

在城市高速发展的今天，土地空间紧张和能源的巨大消耗，成为城市难以治愈的顽疾。如何在不影响现代化发展的道路上，也为宜居生活辟出一条绿色节能之路，正是城市、特别是大城市管理者最为关注的问题。立体绿化以其先天条件迅速流行，并在实践中成就了很多城市的生态立市需求。立体绿化具有缓解城市热岛效应、减轻太阳辐射、储蓄天然降水、吸附粉尘、可改善城市生态、美化城市景观、增加城市绿地数量和可视绿量等诸多益处，是城市传统绿化方式的重要补充。

2. 配置的规范性

立体绿化与地面绿化的最大区别在于绿化种植等园林工程建于建筑物、构筑物之上，种植土层不与大地自然土壤相连，技术含量高，难度大。再加上经费、自然要求等问题，不少城市难以开展屋顶绿化工程。而现在发展较好的许多城市，屋顶绿化基本是以自发形式展开的。

立体绿化是比较消耗财力和人力的绿化方式，对于不少城市是个考验。以天台绿化为例，按最普通的绿化标准，每平方米天台绿化建设费用约为 150 元、防漏费用约 50 元，养护费用每平方米按最保守计，至少每年 5 元，所以花费是比较大的。目前一部分业主不愿意出种子、种苗和肥料的经费或保养费用，而且很多市民根本不懂如何养护植物。因此，政府应该统一绿化，并实行统一管理。通过把种子、种苗和肥料等下发给各个业主，并给予他们适当的经费补贴，提高市民对天台、屋顶绿化的积极性。从而达到市政绿化，又可以进行规范化的管理，使得自发与规范相结合。

3. 环境的生态性

生态性是现代立体绿化设计的核心理念。在现代立体绿化设计中，人居环境是景观设计师考虑的重要方面。人居环境包括自然环境和人文环境，其中自然环境的一个重要方面是绿化环境。实际上，许多城市用于开发现代立体绿化并没有什么自然环境而言，这就需要设计师去创造一种接近于自然的环境，甚至是某种文化特质来改善用地劣势，而立体绿化将是最行之有效的方法。立体绿化分地面、楼面以及屋顶三个部分来改善人们的室外环境。地面绿化在现代绿化设计中都有全面的考虑，而且优秀实例很多。但如何将绿化带到楼面以及屋面，且确实起到改善立体绿化环境的作用将是立体绿化与环境磨合的重点。

近几年城市化的进程不断加快，一栋栋钢筋水泥的建筑挤满了周围每一寸土地，我们真正感受到生活的环境中最缺少的其实是绿色。解决好绿化面积与建筑用地的矛盾是一个不断进行的一个过程。立体绿化把绿化的概念扩充到空间构成中去解决城市用地紧张，满足市民对公共绿地需求不断增大的愿望。我们未来的城市将会让城市更加美好。

相信随着立体绿化的观念不断深入人们的思想，立体绿化的效果不断显现，将有越来越多的城市接受和实施这一绿化方式，解决更多拥挤城区的绿化问题，最终将达到人与环境的和谐统一。

第二章
城市立体绿化技术的一般规定

一、城市立体绿化的原则

① 坚持生物多样性，提倡多种生物共生的原则；

② 重视发挥植物的生态效益，大幅度增加城市可视绿量和绿化覆盖率，改善城市生态环境及缓解城市热岛效应；

③ 丰富城市景观，构建"连线、连片、成景、多样化"的特色城市风貌；

④ 体现环保节能理念，建立城市节水型绿色空间，使城市生态循环良性化；

⑤ 体现生态效益、社会效益以及景观效果的和谐统一，既能体现自然景观特征，又能凸显城市地域特色和文化内涵。

二、立体绿化植物配置

1. 立体绿化植物的分类

按照立体绿化植物的不同习性，可以将攀缘植物分为缠绕类、吸附类、卷须类和蔓生类4种类型。

（1）缠绕类 依靠自身缠绕支持物而攀缘。常见的有紫藤属

（Wisteria）、崖豆藤属（Millettia）、木通属（Akebia）、五味子属（Schisandra）、铁线莲属（Clematis）、忍冬属（Lonicera）、猕猴桃属（Actinidia）、牵牛属（Pharbitis）、月光花属（Calonyction）、茑萝属（Quamoclit）等，以及乌头属（Aconitum）、茄属（Solanum）等的部分种类。缠绕类植物的攀缘能力都很强。

缠绕类植物适用于栏杆、棚架等。

（2）卷须类 依靠卷须攀缘。其中大多数种类具有茎卷须，如葡萄属（Vitis）、蛇葡萄属（Ampelopsis）、葫芦科（Cucurbitaceae）、羊蹄甲属（Bauhinia）的种类。有的为叶卷须，如炮仗藤（Pyrostegia ignea）和香豌豆（Lathyrus odoratus）的部分小叶变为卷须，菝葜属（Smilax）的叶鞘先端变成卷须，而百合科的嘉兰（Gloriosa superba）和鞭藤科的鞭藤（Flagellaria india）则由叶片先端延长成一细长卷须，用以攀缘它物。牛眼马钱（Strychnos angustiflora）的部分小枝变态为螺旋状曲钩，应是卷须的原始形式，珊瑚藤（Antigonon leptopus）则由花序轴延伸成卷须。尽管卷须的类别、形式多样，但这类植物的攀缘能力都较强。

卷须类植物适用于篱墙、棚架和垂挂等。

（3）吸附类 依靠吸附作用而攀缘。这类植物具有气生根或吸盘，均可分泌黏胶将植物体黏附于它物之上。爬山虎属（Parthenocissus）和崖爬藤属（Tetrastigma）的卷须先端特化成吸盘；常春藤属（Hedera）、络石属（Trachelospermum）、凌霄属（Campsis）、榕属（Ficus）、球兰属（Hoya）及天南星科（Araceae）的许多种类则具有气生根。

吸附类植物大多攀缘能力强，尤其适于墙面和岩石的绿化。

（4）蔓生类 此类植物为蔓生悬垂植物，无特殊的攀缘器官，仅靠细柔而蔓生的枝条攀缘，有的种类枝条具有倒钩刺，在攀缘中起一定作用，个别种类的枝条先端偶尔缠绕。主要有蔷薇属（Rosa）、悬钩子属（Rubus）、叶子花属（Bougainvillea）、胡颓子属（Elaeagnus）的种类等。

相对而言，此类植物的攀缘能力最弱。

2. 立体绿化种植设计原则

① 立体绿化植物材料的选择，必须考虑不同习性的植物对环境条件的不同需要；并根据植物的观赏效果和功能要求进行设计。应根据不同种类植物本身特有的习性，选择与创造满足其生长的条件。

② 应根据种植地的朝向选择植物。东南向的墙面或构筑物前应种植以喜阳的植物为主；北向墙面或构筑物前，应栽植耐阴或半耐阴的植物；在高大建筑物北面或高大乔木下面，遮阴程度较大的地方种植植物也应在耐阴种类中选择。

③ 应根据墙面或构筑物的高度来选择植物。

④ 应尽量采用地栽形式。

3. 植物配置形式与原则

(1) 立体绿化配置形式

① 点缀式：以观叶植物为主，点缀观花植物，达到色彩丰富的效果。如地锦中点缀凌霄、紫藤中点缀牵牛等。

② 花境式：几种植物错落配置，观花植物中穿插观叶植物，呈现植物株形、姿态、叶色、花期各异的观赏景致。如大片地锦中有几块爬蔓月季、杠柳中有莴萝、牵牛等。

③ 整齐式：体现有规则的重复韵律和统一的整体美。成线成片，但花期和花色不同。如红色与白色的爬蔓月季、紫牵牛与红花菜豆、铁线莲与蔷薇等。应力求在花色的布局上达到艺术化，创造美的效果。

④ 悬挂式：在攀缘植物覆盖的墙体上悬挂应季花木，丰富色彩，增加立体美的效果。需用钢筋焊铸花盆套架，用螺栓固定，托架形式应讲究艺术构图，花盆套圈负荷不宜过重，应选择适应性强、管理粗放、见效快、浅根性的观花、观叶品种（早小菊、紫叶草、红鸡冠、石竹等）。布置要简洁、灵活、多样，富有特色。

⑤ 垂吊式：自立交桥顶、墙顶或平屋檐口处，放置种植槽（盆），种植花色艳丽或叶色多彩、飘逸的下垂植物，让枝蔓垂吊于外，既充分利用了空间，又美化了环境。材料可用单一品种，也可用季相不同的多种植物混栽。如凌霄、木香、蔷薇、紫藤、地锦、菜豆、牵牛等。容器底部应有排水孔，式样轻巧、牢固、不怕风雨侵袭。

（2）立体绿化配置原则

① 应用立体绿化植物造景，要考虑其周围的环境进行合理配置，在色彩和空间大小、形式上协调一致，并努力实现品种丰富、形式多样的综合景观效果。

② 应丰富观赏效果（包括叶、花、果、植株形态等）、合理搭配。草本、木本混合播种，如地锦与牵牛、紫藤与茑萝。丰富季相变化、远近期结合，开花品种与常绿品种相结合。

③ 应依照品种丰富、形式多样的原则配置。

三、城市立体绿化建设的一些关键技术

1. 把握空间环境特征，选择适生植物

设计合理的绿化基盘，并且选择合适的植物，可以降低立地环境对技术条件和后期养护的要求，大大降低建设和维护成本。例如屋顶在白天和夜晚的极端温度与地表相差很大，选择对于极端温度耐受性强的景天类植物，才能良好生长并抵御住夏季的炎热天气。

2. 轻质高效的人工栽培基质

立体绿化的最大问题就是荷载。为能支撑植物，且能持续为植物提供稳定的水分和养分，选用轻质高效的人工基质就显得尤为重要。应力求寻找一种轻质、高效的栽培基质，可以减少建设费用，并且实现真正的环保理念。

3. 系统化配套技术

随着立体绿化产业的兴起，屋顶、阳台以及墙面等特殊场所的绿化材料和技术应运而生，同时也推动了一批新技术、新材料的发展，如透水材料、排水材料及浇灌装置等，以及利用乔灌木进行立体绿化的"墙面贴植技术"，还有一部分植物和组合为整体轻质化施工产品等，这些都将促进立体绿化产业的发展。

第三章
墙面绿化

　　墙面绿化是泛指用攀缘植物装饰建筑物外墙和各种围墙的一种立体绿化形式。墙面绿化是改善城市生态环境的一种举措；是人们应对城市化加快、城市人口膨胀、土地供应紧张、城市热岛效应日益严重等一系列社会、环境问题而发展起来的一项技术。与传统的平面绿化相比，墙面绿化有更大的空间，让"混凝土森林"变成真正的绿色天然森林，是人们在绿化概念上从二维空间向三维空间的一次飞跃，将会成为未来绿化的一种新趋势。

第一节　墙面绿化概述

一、墙面绿化的兴起和发展

　　据记载，我国春秋时期吴王夫差建造苏州城墙时，就利用藤本植物进行了墙面绿化；在西方，古埃及的庭院、古希腊和古罗马的园林中，葡萄、蔷薇和常春藤等被布置成绿廊。近年来，随着世界各国城市现代化进程的加快，城市建设用地与绿化用地的矛盾日益突出，人们不得不开始关注城市绿化空间的发展，随着城市屋顶绿化的热潮到来的同时，人们也渐渐地把目光投向了蕴藏着巨大绿化空间的城市建筑物墙面上。

在一些发达国家，流行利用植物来"砌墙"，在美国一些别墅里还用植物墙把房间隔开。在巴西有一种"绿草墙"，它是采用空心砖砌成的，砖里面填了土壤和草籽，草长起来就成为了绿色的墙壁。在日本，栽植了草坪、花卉或灌木等的装置系统被安装在了围墙、护栏、坡壁、垂直的各种广告支架等上面，使混凝土变成了绿色森林；还有一种观赏墙壁上面的园林植物、栽培基质和固定装置形成一个完整的板块，这种绿色墙既可用于室外又可用于室内。2005年日本爱知世博会展示的长达150米、高12米以上的"生命之墙"汇集了最新的墙面绿化技术于一堂，其美丽的景观令人赏心悦目。

我国的园林绿化自20世纪80年代以来开始快速发展，由于城市可用绿化空间越来越少，人们开始将目光转移到建筑物上，计划着在建筑屋顶和四周墙面进行绿化。但是，由于植物选择有限，目前大部分的墙面绿化还是靠栽植攀缘植物来实现。目前，北京、上海、广州、重庆等地实施较好，其中以上海发展最好。1998年10月上海市建设委员会颁布了《上海市垂直绿化技术规程》，进一步明确了垂直绿化是占地少、投资小、绿化效益高的一种绿化形式，是扩大绿化面积的有效途径，并对立体绿化的种植施工做了明确的规定。2010年5月13日，上海市地方标准《上海市绿化技术规范》已通过专家评审，正在报批，其中包括详细地墙面绿化施工规范。重庆市海山101工程的墙面绿化采用的是预制化植物挂板设计，将植物挂板在地面地上填土、布种、施肥，待植物生长好后直接安装于建筑"表皮"，还可以根据需要选择开启和关闭，同时也利于养护管理。2010年的上海世博会以"城市，让生活更美好"为主题，世博园中各国家分别采用不同的墙面绿化形式来展示世博的主题。据统计，上海世博会近240个世博场馆中，80%以上做了垂直绿化，包括屋顶绿化和墙面绿化。

据不完全统计，全国公共单位的围墙总长达500多万千米，可绕地球 125 圈，占地面积达 1100 多平方米，加上围墙两侧不能利用的死角和可以用于绿化的建筑物外墙面的面积，共达近 1 万平方公里，可见墙面绿化的发展潜力相当巨大。

二、墙面绿化的功能

墙面绿化可缓解城市热岛效应，使建筑物冬暖夏凉；显著吸收噪声，滞纳灰尘；可净化空气；增加绿量，显著改善城市生态环境。

1. 增加城市绿化面积

城市人口集中，建筑密度较大，可用于绿化的土地面积较小，发展墙面上的垂直绿化，可以大大拓展城市狭小的绿地面积，增加绿量和绿化率，提高城市的整体绿化水平。据研究，6 层高的建筑物占地面积与它的墙面面积之比可以达到 1：2。因此，墙面绿化作为立体绿化的一部分，是城市绿化中占地面积最小，而绿化面积最大的一种形式，是其他绿化形式所不及的。

2. 改善居住生态环境

太阳辐射使墙面温度升高，加热周围空气产生上升的气流，致使尘埃到处飞扬，影响环境卫生。实体建筑材料有很强的蓄热能力，它可以使城区的热量长时间保持不散，盛夏尤为明显。因此，有计划地进行墙面绿化，可以增加城市中的空气湿度，减少尘埃物，降低噪声，从而改善城市的小气候，具体表现在以下几个方面。

① 降低墙面温度。墙面绿化可以遮挡太阳辐射和吸收热量。实测表明，墙面有了爬墙的植物，其外表面昼夜平均温度由 35.1℃降到 30.7℃，相差 4.4℃之多；而墙的内表面温度相应由 30.0℃降到 29.1℃，相差 0.9℃。由墙面附近的叶面蒸腾作用带来的降温效应，还使墙面温度略低于气温（约 1.6℃）。相比之下，外侧无绿化的墙面温度反而较气温高出约出 7.2℃，两者相差约 8.8℃。

② 改善室内温度。在夏季，墙面绿化显著减少外墙和窗洞的传热量，降低室内外表面温度，改善室内热舒适性或减少空调能耗；冬季落叶后，既不影响墙面得到太阳辐射热，同时附着在墙面的枝茎又成了一层保温层，会缩小冬夏两季的温差。

③ 减弱噪音。当噪声声波通过浓密的藤叶时，约有26%的声波被吸收掉。

④ 净化空气。攀缘植物的叶片多有绒毛或凹凸的脉纹，能吸附大量的飘尘，起到过滤和净化空气的作用。由于植物吸收二氧化碳，释放氧气，故有藤蔓覆盖的住宅内可获得更多的新鲜空气，形成良好的微气候环境。

3. 美化功能

墙面绿化不仅可以增强建筑的艺术效果，使呆板的墙面充满生机，而且能使各种建、构筑物具有自然清新、赏心悦目的绿化景观，增加人们的观赏情趣，提升城市绿化的艺术层次和水平。

4. 保护建筑作用

墙面绿化对所依附的建筑物还起着保护作用，原本裸露的建筑物墙体在繁枝密叶的覆盖下，犹如盖上一层绿色墙罩，极大地减少了日晒雨淋、风霜、冰雪的侵袭，延缓了建筑材料的龟裂渗漏。

三、墙面绿化形式

目前的墙面绿化主要有以下七种形式。

1. 攀爬或垂吊式

即在墙面种植攀爬或垂吊的藤本植物，如常春藤、凌霄、金银花、扶芳藤等。优点是造价低廉，但美中不足的是冬季落叶，降低了观赏性，且图案单一，造景受限制，铺绿用时长，很难四季常绿，多数无花，更换困难（图3.1～图3.3，彩图3.1～彩图3.3）。

图3.1 攀爬式墙体绿化（地锦）

图 3.2　垂钓式墙体绿化（左图：木香；右图：藤本月季）

2. 种植槽种植

通常先紧贴墙面或离开墙面 5～10 厘米搭建平行于墙面的骨架，辅以滴灌或喷灌系统，再将事先绿化好的种植槽嵌入骨架空格中，其优点是植物选择灵活性较大，自动浇灌，更换植物方便，适用于临时植物花卉布景（图 3.4，彩图 3.4）。不足是需在墙外加骨架，厚度大于 20 厘米，增大体量可能影响外观。另外因为骨架须固定在墙体上，在固定点处容易产生漏水隐患，骨架锈蚀等影响系

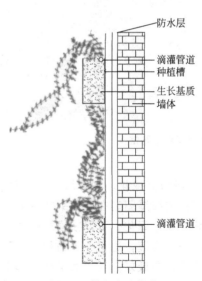

防水层
滴灌管道
种植槽
生长基质
墙体

滴灌管道

图 3.3　攀爬或垂钓式

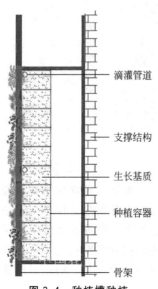

滴灌管道

支撑结构

生长基质

种植容器

骨架

图 3.4　种植槽种植

统整体使用寿命，滴灌容易被堵失灵而导致植物缺水死亡。

例如，世博主题馆的东、西两个立面是以种植槽式墙面绿化技术建成的生态绿化墙面，总面积达5000平方米，是目前世界上最大的墙面绿化墙，它还将绿化垃圾中的枯枝落叶等废弃物处理后作为植物生长的土壤和肥料（图3.5，彩图3.5）。加拿大馆外墙也是将种植槽固定在墙面的龙骨架上做的绿化，方法是先将种植槽内装入基质，然后用一层遮阴网覆盖，遮阴网外再用网格状的塑料条固定。植物材料选用的是金边大叶黄杨和海桐，以提前扦插的方式植入种植槽。这种种植方式，植物材料长势基本一致，景观效果好，且安装方便快捷。但是遮阴网对土壤的固定能力不足，且没有配备灌溉设备，人工补水时，容易造成种植土流失。阿尔萨斯馆墙面绿化与加拿大馆相似，也为种植槽式，但植物选择上有所不同，它采用的植物种类比较丰富，有美女樱、金边蔓长春、中华景天、胭脂红、景天等。新西兰馆墙面绿化、城市未来馆墙面绿化、印度尼西亚馆墙面绿化等都是采用种植槽式，只是内部有一些细微的差别。

图3.5　上海世博会主题馆

3. 模块式墙面绿化

即利用模块化构件种植植物实现墙面绿化。将方块形、菱形、圆形等几何单体构件，通过合理搭接或绑缚固定在不锈钢或木质等骨架上，形成各种景观效果。模块式墙面绿化，可以按模块中的植物和植物图案预先栽培养护数月后进行安装，适用于大面积的高难度的墙面绿化，特别对墙面景观营造效果最好。其优点是植物选择灵活性较大，自动浇灌，运输方便，现场安装时间短，系统寿命较长，不足是需在墙外加骨架，厚度大于20厘米，增大体量可能影响外观（图3.6，彩图3.6）。

4. 铺贴式墙面绿化

即在墙面直接铺贴植物生长基质或模块，形成一个墙面种植平面系统。铺贴式墙面绿化具有如下特点：可以将植物在墙体上自由设计或进行图案组合，直接附加在墙面，无须另外做钢架，并通过自来水和雨水浇灌，降低建造成本；系统总厚度薄，只有10～15厘米，并且还具有防水阻根功能，有利于保护建筑物，延长其寿命；易施工，效果好等（图3.7，彩图3.7）。

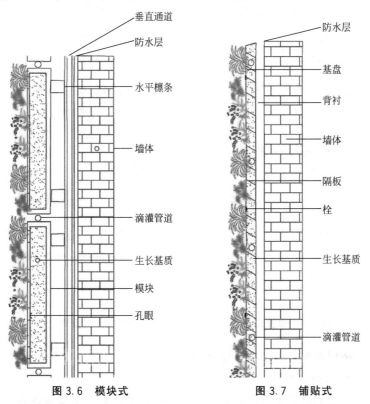

图3.6　模块式　　　　　　　　图3.7　铺贴式

5. 布袋式

即在铺贴式墙面绿化系统基础上发展起来的一种工艺系统。这一工艺是首先在做好防水处理的墙面上直接铺设软性植物生长载体，比如毛毡、椰丝纤维、无纺布等，然后在这些载体上缝制装填有植物生长及基材的布袋，最后在布袋内种植植物实现墙面绿化（图 3.8，彩图 3.8）。

6. 板槽式

即在墙面上按一定的距离安装 V 形板槽，在板槽内填装轻质的种植基质，再在基质上种植各种植物（图 3.9，彩图 3.9）。

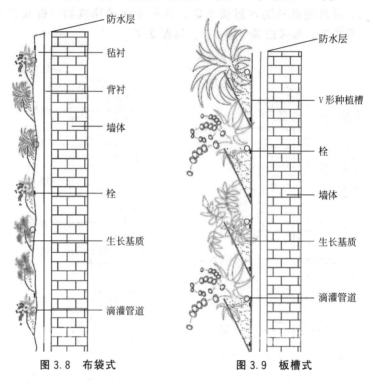

图 3.8　布袋式　　　　　图 3.9　板槽式

资料来源：中国风景园林网

7. 墙面贴植

墙面贴植技术主要是选择易造型的乔灌木通过垂直面固定、修剪、整形等方法让其枝条沿垂直面生长的方法（图 3.10，彩图 3.10）。乔灌木的墙面贴植在国外有的叫"树墙"、也有的称为"树

图 3.10　墙面贴植（左图：藤本月季；右图：苹果）

棚"，使用的植物主要有银杏、海棠、紫荆、紫薇、木槿、石榴、火棘、冬青、罗汉松、山茶花等。乔灌木的使用丰富了垂直绿化的植物种类，增加了多样的景观效果。在选择植物时，首先要选择合适的外形，乔灌木的枝条要适宜平铺垂直面，要尽量减少树冠空档扩大平铺面积；其次要注意色彩搭配和整体造型美；最后要考虑光照条件和植物习性。在上海，墙面贴植技术方面的研究较多，而且取得了较好的绿化效果和景观效果。

　　以上七种不同类型的墙面绿化可以满足建筑结构、气候环境、植物材料、功能需求、投资规模等不同建设条件要求，使墙面绿化更有针对性，这样不仅使墙面绿化在更大范围发挥生态效应，也能营造更为绚丽多姿的景观，让城市环境更优美。

第二节　墙面绿化配置和植物选择

一、墙面绿化配置

　　墙面绿化配置和选择，应根据所处的地理和气候等自然环境、建筑的使用功能要求以及植物所依附的墙面的建筑材料、朝向和高度等不同，因地制宜地选用，特别是应该结合特定热工环境、建筑要求加以灵活运用。

　　（1）墙面材料　我国住宅建筑常见的墙面材料多为水泥墙面或拉毛、清水砖墙、石灰粉刷墙面及其他涂料墙面等。实践证明，墙面结构越粗糙越有利攀缘植物的蔓延与生长。为使植物能附着墙面，常用木架、金属丝网等辅助植物在墙面攀缘，经人工修剪，将枝条牵引到木架、金属丝网上，使墙面绿化（图3.11、图3.12，彩图3.11、彩图3.12）。

图3.11　泰阁凌霄（*Campsis* sp.）和藤本月季（*Rosa*）。由于它们的攀缘能力较弱，在两个钢架之间铺设了涂塑的铁丝网辅助其向上生长

图3.12　以住宅楼的外走廊走向为基础，安上能绿化的线网。因为是门口前面，这样正好能防御来自对面建筑物的视线

（2）墙面朝向　墙面朝向不同，适宜采用的植物材料不同。一般来说，朝南和朝东的墙面光照较充足，而朝北和朝西的光照较少；有的住宅墙面之间距离较近，光照不足，因此要根据具体条件选择合适的植物材料。当选择爬墙植物时，宜在北朝向种植耐阴、抗寒树种，在西向墙面种植耐旱树种，东、南向墙面种植喜阳树种，因此，朝北的墙面可选择常春藤、薜荔、扶芳藤、络石等，朝西墙面可选择爬山虎等，朝南墙面可选择爬山虎、凌霄等。在不同地区，适于不同朝向墙面的植物材料不完全相同，要因地制宜选择植物材料。

（3）墙面高度　攀缘植物的攀缘能力不尽相同，应根据墙面高度选择适合的植物种类。高大多层的住宅建筑墙面可选择地锦等生长能力强的种类；低矮的墙面，可种植扶芳藤、薜荔、常春藤、络石、凌霄等。

① 高度在 2 米以上，可种植爬蔓月季、扶芳藤、铁线莲、常春藤、牵牛、茑萝、菜豆、猕猴桃等。

② 高度在 5 米左右，可种植葡萄、杠柳、葫芦、紫藤、丝瓜、瓜篓、金银花、木香等。

③ 高度在 5 米以上，可种植中国地锦、美国地锦、美国凌霄、山葡萄等。

(4) 墙体的形式与色彩　每一座建筑物的墙面都有一定的色彩，因此墙面绿化设计除了要考虑空间大小，还要顾及建筑物色彩和周围环境色彩。一堵黑瓦红墙应该配置枝叶葱绿的爬山虎、常春藤、薜荔（图 3.13，彩图 3.13）；白粉墙上采用爬山虎，可以充分显示爬山虎的枝蔓游姿与叶色的变化，夏季枝叶茂密，叶色翠绿，秋季红叶染墙，叶蔓摇曳墙头；橙黄色的墙面则应该选择叶色常绿、花白繁密的络石等植物加以绿化，这些植物配置都能带来较好的视觉效果。

图 3.13　植物与墙体的色彩形成对比（左图：地锦；右图：紫藤）

(5) 植物的季相　有些攀缘植物有一定的季相变化，在进行垂直绿化时需要考虑植物季相的变化，并利用这些季相变化去合理搭配植物，充分发挥植物群体的美、变化的美。例如，在爬山虎中间种一些常春藤、薜荔等常绿或半常绿攀缘植物，就有好的季相变化效果。假如墙基花槽容积允许，可在攀缘植物外围或中间植雀舌黄杨、桃叶珊瑚、瓜子黄杨等常绿小灌木或者用金丝桃、月季、山茶等花灌木。使墙面上的攀缘植物在形态和色彩上与之相对应，丰富建筑物的景观和色彩。

二、墙面绿化的植物选择

墙面绿化一般应选择生命力强的茎节有气生根或吸盘的吸附类植物，使其在各种垂直墙面上快速生长。如爬山虎属（Parthenocissus）、崖爬藤属（Tetrastigma）、常春藤属（Hedera）、络石属（Trachelospermum）、凌霄属（Campsis）、榕属（Ficus）、球兰属（Hoya）及天南星科（Araceae）的许多种类。这些植物价廉物美，不需要任何支架和牵引材料，栽培管理简单，其绿化高度可达五、六层楼房以上，且有一定观赏性，可作首选（图 3.14，彩图 3.14）。

也可选用其他花草、植物垂吊墙面，如紫藤、葡萄、藤本月季、木香、金银花、木通、茑萝、牵牛花等，或果蔬类如南瓜、丝瓜、佛手瓜等。

三、攀缘类墙面绿化的种植方法

攀缘类墙面绿化是利用攀缘类植物吸附、缠绕、卷须、钩刺等攀缘特性，使其在生长过程中依附于建筑物的垂直表面。

一般采用地栽形式。在传统散水外侧砌 0.3～0.4 米高砖垅墙，构成种植槽，内填土壤或轻质种植材料，种植带宽度 50～100 厘米，根系距墙 15 厘米，株距 50～100 厘米为宜。容器（种植槽或盆）栽植时，高度应为 60 厘米，宽度为 50 厘米，株距 50～200 厘米为宜，容器底部应有排水孔。

为防止地下室墙体潮湿，地基槽内一般都需要填入砂石，这对植物生长是不利的。基于这种原因，要求把植物栽植坑挖得大一些，栽上植物后应填熟土、腐殖质和泥煤。根据需要还应当施加藻类粉、角质物质碎末、干鱼粉和骨粉等，这样植物就可以茁壮成长。如果栽植坑太小，植物的根系延伸受到限制，会造成植物营养严重缺乏，轻者脆弱，重者枯死。

对于需要设置辅助支撑架的，要设置如棚架、支竿、网格架、拉绳等，以利于植物生长。支架形式的选择，应以既能使植物茂盛

(a) 扶芳藤

(b) 常春油麻藤

(c) 藤本月季

(d) 薜荔

(e) 凌霄

(f) 络石

图 3.14 常用的墙面绿化植物

生长，又能使它牢固地攀缘在支架上为原则。支架不仅要能承受植物的自重，还要经得起风吹雨打，特别是要能经得住建筑物角部常出现的旋风的冲击。不论是支架、棚架还是吊绳，都必须牢牢地紧固在建筑墙面上。混凝土墙板和其他建筑构件上都应装上防锈螺栓和木榫，螺钉和地脚螺栓都应做防锈处理。如果使用塑料绳牵引，塑料绳应当耐紫外线辐射，因为塑料绳不可能长期被植物遮住，长此以往会变脆乃至断裂。

第三节 墙面绿化的养护与管理

墙面绿化的养护主要从改善植物生长条件、加强水肥管理、修剪、人工牵引等几项措施着手。

① 改善植物生长条件　对藤本植物所生长的环境，要加强管理。在土壤中拌入猪粪、锯末和蘑菇肥等有机质，改善贫瘠板结的土壤结构，为植物提供良好的生长基质；同时在光滑的墙面上拉铁丝网或农用塑料网，或用锯末、沙、水泥按 2：3：5 的比例混合后刷到墙上，以增加墙面的粗糙度，有利于攀缘植物向上攀爬和固定。

② 加强水肥管理　在立体墙面上可以安装滴灌系统，一方面保证植物的水分供应，另一方面又提高了墙面的湿润程度而更利于植物的攀爬。同时，通过每年春秋季各施 1 次有机肥，每月薄施复合肥，保证植物有足够的水肥供应。

③ 修剪　修剪宜在 5 月、7 月、11 月或植株开花后进行。对枝叶稀少的可摘心或抑制部分徒长枝的生长，通过修剪使其厚度控制在 15～30 厘米，栽植 2 年以上的植株应对上部枝叶进行疏枝以减少枝条重叠，并适当疏剪下部枝叶，防止因蔓枝过重过厚而脱落或引发病虫害。对生长势衰弱的植株应进行强度重剪，促进萌发。

④ 人工牵引　对于一些攀缘能力较弱的藤本植物，应在靠墙处插放小竹片，牵引和按压蔓枝，促使植株尽快往墙上攀缘，也可以避免基部叶片稀疏，横向分枝少的缺点。

第四章

阳台绿化

阳台通常是指在楼房上，有永久性上盖、有围护结构、有台面、与室外相连的，供使用者进行活动和晾晒衣物的建筑空间。在人口密集、用地紧张的现代化城市中，想要拥有一个庭院往往并不容易，所以阳台在某种意义上便担负起了庭院的重任。不同的住宅，阳台虽有宽窄、大小不同，但有胜于无。通风、透气、采光、纳凉、晒衣、晒物等，自然是阳台的一些功能。但除了这些功能外，阳台绿化也是阳台不可忽视的重要潜在功能。

第一节 阳台绿化概述

一、阳台绿化的作用

进行阳台绿化，既能美化生活空间环境，又能有助于改善室内空间的小气候。阳台绿化是城市立体绿化的重要组成部分。

1. 改善环境

阳台和窗台种植树木花草，除了同样具有净化空气的作用外，尤其有利于降低夏季裸露阳台因太阳辐射带来的高温，并且减轻城市交通噪声对人体健康的影响。

2. 美化环境，陶冶情操

阳台、窗台绿化是建筑立面整体景观的重要组成部分。通过植物所特有的质感、色彩及合理搭配而形成的植物景观，不仅给建筑立面锦上添花，而且可以美化不雅的或古旧的建筑（图4.1，彩图4.1）。作为居住环境的有机组成部分，阳台、窗台上的绿色植物是室外与室内植物景观的过渡，与人的生活有密切的关系。因此，生长良好、配植优美的阳台、窗台植物景观可以使人缓解疲劳，精神放松，陶冶性情。

图4.1　阳台绿化

3. 具有一定的经济价值

阳台上的植物种植，可以适当结合蔬果类，不仅具有观赏价值，还具有一定的实用价值，如金橘、丝瓜、薄荷、葡萄等，在欣赏四季景色之余，还可以品尝自己的劳动成果，更增加阳台、窗台绿化的无穷乐趣。

另外，阳台、窗台的花卉应用还有助于增加居室空间的私密性。

二、阳台类型和特点

从使用功能、建筑立面以及表现形式等不同的角度，阳台有着不同的分类。

（一）使用功能角度

从传统的使用功能上，阳台可以分为生活阳台和服务阳台。这是最基本也是最基础的划分方式。生活阳台一般供人们休闲、赏景、晾晒衣物、养花种草，多与起居室相连，面积不应低于 2.5 平方米。服务阳台兼具洗晾衣物、储物等功能，在年代较久的建筑中还有充当厨房的功能。

（二）方位角度

从方位上，阳台可以分为东阳台、西阳台、南阳台、北阳台以及朝东南或朝西南的转角阳台等，这是被人们普遍掌握的最简单的阳台划分方式。

（三）建筑学角度

1. 根据空间位置分

阳台通常可以分为凸阳台、凹阳台、半凸半凹阳台和平顶式阳台等几种类型（图 4.2）。目前主要采用的是钢筋混凝土结构，可以直接进行预制或现浇。

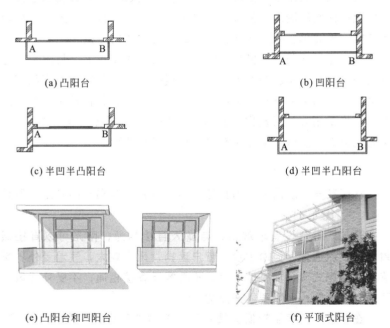

(a) 凸阳台　　　　　　　　　　　　(b) 凹阳台

(c) 半凹半凸阳台　　　　　　　　　(d) 半凹半凸阳台

(e) 凸阳台和凹阳台　　　　　　　　(f) 平顶式阳台

图 4.2　根据空间位置划分的几种阳台类型

（1）凸阳台 又称挑阳台，其特点是凸出于建筑物的外墙表面，悬于空中，通风极好，光照充足，视野开阔，但承重稍弱。

（2）凹阳台 这类阳台大部分都位于建筑物外墙内侧（凹陷于外墙之内或与外墙平齐），单面临空，安全性较强，能够挡风避雨，其负荷也有一定的局限。

（3）半凸半凹阳台 这类阳台一半悬于外墙表面，另一半凹于建筑物外墙内侧，其安全性较之挑阳台更强些，光照较之凹阳台更充足些。

（4）平顶式阳台 多为建筑物屋顶加上栏杆，或是退层式建筑中将下面一层的屋顶作为上面一层的阳台。其承重性较好，光照充足。在绿化上可深入发挥，做成名副其实的空中花园。

2. 根据建筑结构分

阳台可分为墙承式和悬挑式两种类型。

（1）墙承式阳台 多用于凹阳台，其构造特点为：将阳台板直接搁置在两侧的墙上，其板型、跨度大多与房间楼板一致。此种阳台结构比较简单、施工方便，但占据一定的室内面积。

（2）悬挑式阳台 多用于挑阳台，其结构特点为：将阳台板悬挑出外墙，其板型、跨度大多与房间楼板一致。从安全角度和实用角度出发，阳台的悬挑长度通常为 1.2 米左右。此种阳台结构较为复杂，施工稍难，但提供了更多的室外空间。根据悬挑方式不同，又有挑梁式和挑板式之分，在这里仅作了解即可。

（四）园艺学角度

从园艺学角度出发，阳台可分为开放式阳台和封闭式阳台两种（图 4.3、图 4.4）。

开放式阳台没有玻璃窗，与露天直接相通，阳光可以直接照射，空气流通好，但由于没有窗户遮挡，风力较大，气温受外界影响大。封闭式阳台加有玻璃窗，不与露天直接相通，不受外界风雨环境直接影响，通风要靠开闭窗户调节。

在冬春时节气温较低的情况下，开放式阳台即使有人为干预，其环境温度也很难高于 0℃，而封闭式阳台则不同，在人为干预下，其环境温度可以较容易掌控和调节。

图 4.3　开放式阳台

图 4.4　封闭式阳台

第二节 阳台绿化的营造

一、阳台绿化的特点

在阳台上搞绿化并不是一件容易的事情，不同方位、位置、形式的阳台，由于受到自然环境的影响各不相同，因此只有认识和掌握了阳台的特点，选择适宜于不同阳台的植物，采取相应的方法与措施，才能在阳台上营造出一个美好的绿化空间。阳台具有以下特点。

（1）阳台空间小　阳台的面积，小的在 3 平方米左右，大的也不过七八平米，露天平台则稍大些。面积的大小对于养花的数量、植株的大小有一定限制，所以近年来新的节省空间的栽培方法，如"袋式栽培法"、"迷你花园"及"大盆混植、柱式栽培、附壁式栽培"等不断出现，而这些办法未尝不可在阳台养花中得到好的应用。

（2）阳台的"空中"特点　阳台不像庭院，它没有地面的土壤条件，要靠人工造土，所以一般多用盆栽或栽植箱。这些方法，由于容积有限，用土不可能太多，根系伸展必然受到限制，从而影响它对养分的吸收，同时，盆栽土壤必须更加肥沃、精良，这就要经常补充肥料，弥补花卉营养的不足。

（3）自然环境对阳台的影响较大　阳台由于在空中的原因，空气往往比较干燥，湿度达不到一般花卉的要求。就南北阳台而言，差别更大。南阳台阳光好，夏季酷热；北向阳台无阳光，冬季阴冷。另外由于阳台位置高、且无遮挡，使得阳台遭受的风力较大，且越高越大。这就要求一定要有有效的措施来改善阳台绿化环境。

(4) 阳台承重力小　阳台不同于庭院，一般的庭院即使垒个假山、栽几棵大树，都不会出现承载问题，而阳台的承载力则是有限的，且不同结构的阳台承载力也不同。一般凹阳台比凸阳台承载能力要大些，但也只能是每平方米 100 千克左右。所以，即使较大的阳台或露台，在立体绿化时，也不能布景过重，不能放置过大的水池或过多的泥土，否则易发生危险。盆栽花卉摆放时，要注意将较大较重的花盆放在近承重墙处，尽量采用轻质或无土栽培基质等，在数量上也要加以控制、不可过多。

(5) 阳台绿化的外在影响　一栋楼，少则几户多则几十户，甚至更多。阳台绿化不仅是自家的事，而且与整栋楼房乃至整个社区的环境美化有关。

二、阳台绿化的基本形式

(1) 悬垂式　有两种方法，一是悬挂于阳台顶板上，用小容器栽种吊兰、蟹爪莲、彩叶草等，美化立体空间；二是在阳台栏沿上悬挂小型容器，栽植藤蔓或披散型植物，使其枝叶悬挂于阳台之外，美化围栏和街景（图 4.5，彩图 4.5）。

(2) 藤棚式　在阳台的四角立竖竿，上方置横竿，使其固定住

图 4.5　悬垂式

形成棚架；或在阳台的外边角立竖竿，并在竖竿间缚竿或牵绳，形成类栅栏的东西。使葡萄、瓜果等蔓生植物的枝叶牵引至架上，形成荫栅或荫篱（图4.6，彩图4.6）。

（3）花架式　在较小的阳台上，为了扩大种植面积，可利用阶梯式或其他形式的盆架，在阳台上进行立体盆花布置（图4.7，彩图4.7），也可将盆架搭出阳台之外，向户外要空间，从而加大绿化面积也美化了街景。

图4.6　藤棚式　　　　　　　　图4.7　花架式

（4）附壁式　在围栏内、外侧放置的有爬山虎、凌霄等木本藤蔓植物，对围栏及附近墙壁进行绿化（图4.8，彩图4.8）。还可利用墙壁镶嵌特制的半边花瓶式花盆，然后用其栽植观叶植物。

图4.8　附壁式（左图：爬山虎）

（5）花槽式　花槽可选择水泥、砖砌、耐腐木材等。适合较大型花木、位置固定，一些攀缘植物也可种植。可在花池、花槽内采取防水设施（图4.9，彩图4.9）。

图 4.9　花槽式（右图：观赏番茄）

三、阳台立体绿化设施

（1）花架　花架是阳台立体绿化不可或缺的设施。它不仅可以扩大阳台绿化的面积，也可满足不同植物对于光照的不同要求，同时还可以有效地保护植物根系。

花架的形式多种多样，一般大体上可以分为固定式花架和活动式花架两类。固定式花架要根据阳台的大小而选择形式，一般有柜式花架、梯形花架和立式花架等。相比之下活动式花架的形式则更为多样，而且具有很强的欣赏性和装饰性，这里简单介绍几款形式：可卸式直立型花架、可折叠式花架、可移动式花架、旋转式花架等等（图4.7）。

（2）支架、花槽　在阳台的护栏外面可以增设支架或者花槽，这种方法既可以美化阳台也可以不影响阳台内部的其他活动。对于面积较小的阳台，或者阳台有其他用途者可以尝试使用支架和花槽的形式（图4.10）。

（3）搁花板　搁花板可以设置在护栏内侧或者内墙上。设置搁花板较为方便灵活，使用时把板子搭好，摆上花盆即可，不用时随时可以撤掉板子，对阳台无任何影响（图4.11，彩图4.11）。

（4）三角形吊钩、顶部挂钩　三角形吊钩一般装于墙壁上，其形式简洁，牢固实用。市场有售，也可向装潢人员订制，亦可自己亲手制作，材料为木材或金属，因个人喜好而定。长度以伸出墙面25～35厘米为宜。安装时高度不宜低于1.75米，以免影响人们活动。

图 4.10　支架

图 4.11　搁花板

　　顶部挂钩（架）一般置于阳台顶部，也可以晒衣钩（架）代替。

　　（5）攀缘架　攀缘类植物是阳台立体绿化中非常好的植物材料，不但占地面积小，且绿化效果好。因此攀缘架是一个重视立体绿化效果的阳台所必须的设施之一，形式也较为简单，完全可以自己制作，使用绳索、木条或金属材料均可（图 4.12，彩图 4.12）。

图 4.12　攀缘架

（6）高脚塑钢盆　利用高脚式塑钢栽培盆的栽培形式在欧洲颇为流行，在我国城市街道两侧也可看到此种布置，由于体积大占地面积稍大，因此适合较大的阳台或者露台使用。

（7）栽培袋、栽培柱　立体栽培袋或栽培柱能够很有效的节约空间，并且植物在空间生长采光好、通风良好、生长旺盛，它为植物种植开辟了新的途径（图4.13，彩图4.13）。

图4.13　栽培柱

另外不同的阳台需求不同，可根据具体情况增置遮阳设施、通风设施和必要的灯光设施等，以供营造一个美好的阳台绿化空间。

四、植物布置

要营造一个好的绿化空间氛围，植物当然是主角，虽然在选择和布置上因人而异，但也有其一定的规律和注意事项。下面以凸阳台和凹阳台为例。

1. 凸阳台

这类阳台一般面积不大，且承重力也不大，因此在植物布置时，要养好植物，要美化环境，还要充分考虑人们日常晾晒衣物等活动不受影响。对于一般凸阳台，可在两侧护栏外设置槽式支架，放置中小型盆花，内墙下方可放置较大型植物，中间及前方护栏空出。面积较大者，还可以在门旁或窗下放置立式花架或梯形花架，在阳台各个拐角处放置较大的植物，墙面也可挂有壁挂式盆栽（图

4.14，彩图 4.14）。

2. 凹阳台

由于凹阳台承载力大些，且三面靠墙，一面凌空，光照方向较为固定且风力较小，因此其阳台空间可以充分利用，除了凸阳台所采用的集中布置方式外，还可以在顶部设置吊钩，悬挂吊盆和吊袋，也可采用栽培柱式栽培，在两侧的墙面设置攀缘架等。其布置形式较为灵活多样（图 4.15，彩图 4.15）。

图 4.14 凸阳台绿化

图 4.15 凹阳台绿化

五、植物选择

1. 植物种类选择原则

（1）根据阳台大小选择植物 由于阳台有其功能性，所以植物只能点缀不能累赘。植物的选择很重要，要根据阳台的大小精心挑选一些大小适中、适于观赏的植物，要给阳台留有足够的通透空间，保证人们的正常生活。

（2）根据阳台的承重能力选择植物 阳台不像室内，一般承载力都有限，在选择植物时切忌大型植株。同时花盆不宜过大、过重，土壤要使用较轻的栽培基质，不宜使用纯泥土。

（3）根据阳台朝向选择植物 阳台不同的朝向，其环境也不同，因此影响植物生长的光照、温度、湿度等条件也不同。东阳台早晨有光照，适合布置喜半阴的植物，例如兰花、杜鹃、红掌、花叶芋、苏铁、万年青、发财树、棕竹等；南阳台光照充足，适合布置喜阳植物，例如仙人掌、变叶木、扶桑、石榴、菊花等；西阳台下午光照较强，且高于东阳台，适合布置仙人掌、月季、芍药、牡丹等喜阳植物和大岩桐、文竹、合果芋、万年青、旱伞草等喜半阳植物；北阳台无直射阳光，适合布置耐阴植物，例如铁线蕨、鹿角蕨、绿萝、一叶兰、玉簪等。

（4）根据季节变化选择植物 不同的季节，外界环境对阳台环境有着不同的影响。春秋两季温度适宜，可根据光照条件配置合适的植物和不同季节开花的植物。夏冬两季天气较为极端，夏季天气炎热、气温偏高，东阳台由于只有早晨有阳光，还是可以适合大部分植物的生长，而南阳台和西阳台所受的光照强温度高，除荷花、仙人掌、桂花、梅花等喜强光耐高温的植物能够适应环境外，大部分植物不适合种植。而冬季严寒，不利于植物生长，光照和温度则可以通过人工干预的方式来调节。

另外，不同的季节可营造出不同的绿化效果：早春以观花为主，夏季以芳香为主，秋季以观果为主，冬季以观叶为主。

（5）根据阳台主人自身需求和条件选择植物 在阳台植物的选择上，要充分体现阳台主人的需求和自身条件，例如自身的职业、情趣、爱好及空闲时间。阳台主人如果是过敏体质的，则忌花粉类过敏，所以在植物的选择上可以多考虑观叶植物。如果工作比较忙的，没有过多的时间和精力来管理阳台上的植物，便可选择仙人掌类和芦荟类的植物，由于其对环境要求不是很严格，因此较容易养护。对于有充分时间和精力来养护植物的，则在植物上有较大的选择空间。

（6）根据室内装修风格选择植物 每种植物的形态、叶片、花朵、果实均具有独特的质感和象征意义。如蕨类植物的羽状叶给人亲切感，竹子坚忍不拔的品格象征，兰花的脱俗，牡丹的富贵等等，所以在植物的选择上可以配合主人的性格和室内的装修风格。例如一个书香世家，在阳台上可以读书看报，那么用纤纤的文竹、刚劲的松树盆景、含苞待放的梅花等植物做造景，则更能增加书香之家的色彩。

最后还要注意的是，在植物的选择上还要充分尊重家庭成员的喜好，并且要避开对人体有害的植物品种，例如夹竹桃、丁香等。

2. 植物种类划分

适合阳台立体绿化的植物根据其不同的观赏效果可分为观花植物、观叶植物、观果植物和多肉多浆植物，下面分别列举一些植物品种。

（1）观花植物 有矮牵牛、茶花、雏菊、翠菊、大岩桐、倒挂金钟、杜鹃、风信子、非洲菊、花毛茛、金鱼草、金盏菊、喇叭水仙、兰花、梅花、美女樱、牡丹、瑞香、芍药、三色堇、石竹、迎春花、郁金香、月季、栀子花、朱顶红、瓜叶菊、腊梅、蒲包花、仙客来、一品红、樱草、中国水仙、百合、百日草、长春花、千日红、四季秋海棠、天竺葵、茑萝、大花马齿苋、鸡冠花、金银花、龙船花、落新妇、三角花、石榴、石蒜、唐菖蒲、万寿菊、玉簪等。

（2）观叶植物 有澳洲杉、变叶木、彩叶草、彩叶竹芋、发财树、吊兰、扶芳藤、富贵竹、龟背竹、果子蔓、含羞草、合果芋、黑叶芋、虎耳草、虎尾兰、花叶薜荔、花叶长春蔓、花叶垂椒草、花叶垂榕、花叶鹅掌柴、万年青、花叶芋、金边麦冬、鹿角蕨、绿巨人、绿萝、散尾葵、苏铁、天门冬、铁线蕨、网纹草、文竹、橡皮树、艳凤梨、一叶兰、银叶菊、鱼尾葵、紫鹅绒、棕竹等。

（3）观果植物 有冬珊瑚、佛手、观赏辣椒、火棘、金橘、朱砂根等。

（4）多肉多浆植物 有宝石花、彩云、绯牡丹、鬼脚掌、金琥、锦绣玉、景天、令箭荷花、芦荟、落地生根、牡丹球、山影拳、鼠尾掌、昙花、仙人球、蟹爪兰、岩牡丹、玉翁等。

第三节 养护管理

一、植物的养护管理

在阳台立体绿化中，植物的养护管理至关重要，只有健康有态的植物才能使立体绿化变得有意义。

1. 养护用具

阳台绿化常备的养护工具有浇水壶、小型喷雾器、栽培基质、花盆、托盘、套盆、尼龙绳、铁丝、枝剪、嫁接刀、小铲以及农药、肥料等。

2. 栽培基质

一般配制栽培基质所需的材料有园土、腐叶土、牛粪、泥炭、珍珠岩、火山岩、蛭石、煤渣、陶粒、沙、树皮等。

不同的植物对营养的要求不同，所以对栽培基质（营养土）的要求也就不同，因此在植物养护时，首先应该了解所载植物对土壤的要求，然后根据要求配制出栽培基质（营养土）进行栽种。有些植物要求有较高的透气性，有些植物喜欢黏重的土壤，而有些植物则喜欢沙性的土壤等。如兰花类植物对土壤的透气性要求就较高，所以配制其栽培基质时孔隙一定要大，但还要保证可以吸收和保存一部分水肥通过缓慢释放来满足兰花的需求，这就可以考虑用陶粒、半腐叶、泥炭、白苔藓、树皮等来配制栽培基质。再如凤梨类植物要求其栽培基质有一定的腐殖肥又要有一定的保水性，因此可以考虑用腐熟的泥炭土或腐叶土配制。另外如水生植物，应该用黏质塘泥栽种；茶花、栀子花等喜欢酸性土壤的植物，其栽培基质中应该加入酸性材料如泥灰；栽植多肉多浆植物，要用含沙比例高的且有一定煤渣等提高土壤碱性的材料来配制其栽培基质。

下面列举几种具体配制方法。

① 园土∶腐叶土∶沙＝4∶4∶2或泥炭∶腐叶土∶沙∶珍珠岩＝4∶2∶3∶1。

这种栽培基质具有疏松透气并富含腐殖质的特性，适合大部分植物生长，如菊花、文竹、瓜叶菊、矮牵牛、天竺葵、四季海棠等。

② 园土∶腐叶土∶沙＝6∶3∶1或泥炭∶腐叶土∶沙∶珍珠岩＝5∶1∶2∶2。

这种栽培基质含肥量少，适合栽种对土壤适应性强的植物，也可以栽植大型花卉，如腊梅（抑制株高）。

③ 园土∶腐叶土∶沙∶煤渣（火山岩）＝2∶2∶3∶3或泥炭∶腐叶土∶沙∶煤渣（火山岩）＝3∶2∶2∶3。

这种栽培基质透气性较好，但是养分含量少，所以适合仙人掌类的植物生长。

④ 塘泥：腐叶土＝8：2。

这种栽培基质适合栽植水生植物，腐殖质含量高。

3. 盆栽植物花盆的选择及上盆、换盆

（1）盆栽植物对花盆的选择　花盆的透气性和透光性影响着盆栽植物根系的生长情况。

目前市场上有很多塑料花盆、瓷盆和紫砂盆，造型美观大方，能够满足大部分盆栽植物的需求，但对于像兰花、君子兰等对透气性有较高要求的植物来说，就要在一般的花盆上面采取些措施来辅助透气。可以在盆壁上做足够的排水孔，可以在盆壁四周应用块状树皮做衬，使树皮和盆壁之间形成一个空隙，也可以用透水透气性较好的泥盆栽种，外面套一个美观的花盆等等。

植物根系的生长则需要一个黑的环境，白色花盆的透光率高，因此在花盆的选择上可以红色或其他颜色的花盆为主，而长势较强、根系发达、容易培养的植物如天门冬、常春藤等则可以使用白色花盆。如果为了观赏效果，必须使用白色花盆的，可以考虑套盆。

另外选择花盆大小时，要根据植物的自身情况而定。大株栽小盆，植物生长不良；小株栽大盆，植物不发根。当然一些特殊的植物要另当别论，如附生性和气生性植物，根系较少而浅，就不需要很大的花盆；杜鹃无主根，须根细而密，一般不会要求太多的土壤，因此也不需要太大的花盆。同样，如果为了观赏效果，可以考虑套盆。

（2）上盆、换盆　把幼小的苗木从苗床移栽到花盆中去，叫做上盆。把植物从一个花盆移到另一个花盆，叫做换盆。由于花盆中的土壤养分是有限的，随着植物的生长，营养的不断消耗，补充新的营养土是必要的，因此换盆是养好盆栽植物的重要措施。另外，经常浇水、施肥会使花盆中土壤板结，透气性不好，再加之随着植物的生长，植物根系也在不断伸长、盘绕过多过密，吸收不到土壤中的养分，也会影响植物的生长，最终导致死亡。所以通过换盆可以剪掉老根，让新根有充分的空间来吸收水肥，从而促进新生根的生长发育。一般情况下，多年生的花卉，每年都应该换盆一次，一些根系不发达的植物和大盆植物，也应该两三年换盆一次。建议每次换大一号的盆。

换盆的操作顺序如下。

a. 准备栽培基质（营养土）。根据所栽植物的要求，配置好合适的营养土，约为花盆容积的 4/5，往营养土中喷洒适量的水，充分搅拌，喷水量以抓起土后撒下无灰、捏不成团为度。

b. 选择花盆。一般以新瓦盆为好，若用旧盆，应刷洗干净晒干后使用。盆的大小应该比原来的盆大一号。

c. 换盆时间。植物换盆以不影响其生长为好，趁其长势较低时进行。因此大多数植物换盆可以在早春（3 月中下旬至 4 月上旬）和晚秋进行，对于正在开花的植物，如君子兰、仙客来、杜鹃等，可以推迟到花谢之后进行。具体时间最好选择在傍晚或者阴雨天进行。

d. 换盆方法。换盆之前应该停止浇水数日，使盆土偏干，这样根部土壤容易完整倒出。

准备花盆，取出选择好的花盆，找一块打碎的瓦盆碎片，大小稍大于排水孔，将其凹面向下，要求既挡住排水孔，又使泥土不堵塞排水孔，可以缓缓排出盆内的多余水分。

脱盆时将花盆倒置过来，一手托住植物茎基部，另一只手扶住花盆底部，大拇指伸入排水孔，然后将花盆的边沿在板凳或椅子上轻轻磕动，同时大拇指往下按，将植物连同盆土一同脱下。脱盆后剥去根部四周的土壤，剪去枯根烂根以及过长的根系。如遇到根系错综盘结的植物，常用木片或竹筷子将根系间的泥土慢慢剔除。某些珍贵的肉质根植物，如兰花、牡丹、君子兰等，脱盆后应该将根清洗，阴干，再进行上盆。

脱盆后，取出事先准备好的花盆，将配制好的营养土中较为粗大的土粒放入花盆，以保证排水通畅，再加入一层营养土。然后一手持苗，扶正植株，立于盆的中央，将根部分散布置于盆中，并掌握好置入深度。另一手加营养土，将至一半时略向上提植株，使植株根部舒展。然后继续加土以填满根周围的空隙，直至距沿口 1～2 厘米左右，再用双手在盆壁外侧拍动几下或端起花盆往地上跺几下，使盆土分布均匀不留空隙，最后用手指将盆壁周围的土揿紧。

换好盆后，要立即给植物浇足水，达到多余水从排水孔排出的程度，待水被吸干后，再浇水一次。

刚换盆的植物根系均会受伤，根系活力下降。即使根系未受伤，也会因为与土壤贴合不紧密而影响吸水功能。因此刚换盆的植物应该注意管理，以避免出现失水现象，影响植物生长。

4. 施肥管理

肥料是植物生长好坏的重要条件，给植物施肥的目的在于增加对植物所需的各种营养元素的供给，以使植物能获得生长所需充分的养分。植物生长所需的营养不是单一的，而是需要多种营养元素，具体分为所需量较大的大量元素，如氮、磷、钾和所需量较少的微量元素，如镁、铁、硼、锌、铜等。

(1) 肥料的种类 肥料一般可分为有机肥料、无机肥料及微生物肥料、复合肥等类型。

① 有机肥料主要是指农家肥（动物粪便）和自己制作的腐熟肥料（动植物尸体经腐烂发酵后形成的肥料）等。它的优点是所含养分较全，肥效持久，能改善土壤的物理性能。缺点是肥效慢、含量低。有机肥适合作基肥（在给植物上盆或换盆时，在底部营养土中加入一定量的肥料）。

② 无机肥料是由工厂生产出来的以无机态形式存在的含氮、磷、钾等元素的化学肥料，也称化学肥料。其特点是所含养分单一、肥效快、含量高，卫生方便等，很受人们的喜爱，多作追肥（在植物生长过程中，营养土中原有的养分已经不能满足其需求，需另外追加补充的肥料）使用。但长期使用化学肥料易使土壤板结，使土壤的理化性状恶化，有的甚至形成单盐毒害。所以在使用时一定要注意浓度比例。

③ 微生物肥料主要是指菌根菌、固氮菌及有机物分解细菌等微生物。菌根菌和固氮菌与植物的根部形成共生关系，有利于植物根部对营养物质的吸收。有机物分解细菌可将土壤内的有机物分解为植物根部所吸收的无机物。

④ 复合肥大多数是将几种化学肥料（多位尿素、硫酸铵、氯化钾、过磷酸钙）按一定比例简单混合在一起形成。具有营养全面、操作简单、无异味等特点。但也因成分配比单一，而且各个化

学成分之间会发生化学反应，造成沉淀，降低肥效。

（2）正确的施肥方法 根据园艺界的经验总结，要做到适时、适当、适量的施肥，可以让植物生长得更好。要做到适时、适当、适量的施肥，就需要了解植物自身的需求，掌握正确的施肥方法。

① 植物在不同发育时期的施肥方法 一般植物在幼苗期，对营养的要求不高，如盆中的基肥充足，则不用追肥，如基肥较少，则可少量追施以氮肥为主的肥料，不宜太浓，太浓易把苗烧死。营养生长期是植物大量长枝发芽的时期，此时需要大量的氮肥，但也不可忽视磷钾肥的追施。在植物的花卉孕蕾、开花结果的时期即生殖生长期，应追施以磷钾肥为主的肥料。在植物进入休眠期前要控制氮肥的施用量，以免诱发秋梢，消耗体内贮存的营养，适当的追施磷钾肥有利于植物体内的营养积累。

② 不同的植物对肥料的需求不同 球根类花卉（如百合、朱顶红、郁金香等）在营养生长和生殖生长期需要的氮肥都要大于磷钾肥，但花败后是其根部新生球的生长阶段，此时需要的磷钾肥要大于氮肥。观叶植物的整个生长期均需要大量的氮肥。观花和观果植物在生长初期需要的氮肥量大于磷钾肥，但在生殖生长期对磷钾肥的需求则大于氮肥。

③ 不同的季节植物对肥料的要求也不同 立春后植物复苏，逐步进入生长旺盛期，此时需要较多的肥料。但是植物刚刚发芽展叶的时候，不宜施肥，更忌浓肥。盛夏，气温过高的时候，一般不宜多施肥，即使施肥也只能是稀薄肥水，但是对于此时开花正旺的植物，如夜来香、栀子花、扶桑、石榴等，却可以施肥。入秋后，为了保证植物体内营养的积累，要增加磷钾肥的施用量，减少氮肥施用量，为过冬做好准备。到了冬天，大多数植物进入休眠期，要停止施肥，但对于春节前后开花的植物，如仙客来、瓜叶菊、报春花等，可以施肥。

④ 施肥的时间和方法 施肥要勤施肥、施薄肥，一般七分水三分肥，一周施一次，每次以晴天的傍晚为好。在施肥的前一天，要注意减少浇水量或者不浇水，以保证肥水能被充分吸收。施肥时，先将盆中的表土扒松，并搂起部分表土，待施肥之后，再将搂

起的表土盖回，以免肥料的臭气扩散。第二天早晨再浇水一次。施肥的"四四口诀"是：

四多、四少、四不、四忌。

四多：黄瘦多施，孕蕾多施，芽前多施，花后多施。

四少：肥壮少施，发芽少施，开花少施，雨季少施。

四不：徒长不施，新栽不施，盛暑不施，休眠不施。

四忌：忌浓肥，忌生肥，忌热肥，忌坐肥。

浓肥是指未经稀释或浓度过大的肥料；生肥是指未经发酵腐熟的有机肥；热肥是指土壤温度过高时施肥；坐肥是指植物根系直接坐落在盆底基肥上。

5. 水分管理

水是生命之源，对于植物也不例外，水是植物正常生长最根本的保证，只有在水分供应充足的情况下，植物才能进行正常的生命活动。严重缺水，会导致植物因脱水而干枯死亡；水分过多，则又会造成植物徒长并会抑制花芽分化，甚至最终导致植株烂根死亡。因此对植物进行合理的水分管理至关重要。从以下几个方面来考虑。

（1）水质　水按照含盐类的状况可分为硬水和软水。硬水中含有钙、镁、钠、钾等的盐类较多，不利于植物的生长。因此，给植物浇水用含盐类较少的软水比较好。除了海水和井水中水质较硬，不能用来浇灌外，软水中又以自然界的水最为理想，例如雨水、雪水、江水、河水、池塘水等。尤其是雨水和雪水对植物的生长最为有利，因为雨水（雪水）是一种接近中性的水，又有较多的空气，如果能长期使用进行浇灌，不仅可以使植株生长加快、枝繁叶茂，还可以延长植物的栽培年限，提高其观赏性。

如果是在封闭的阳台上栽培植物，想用雨水或雪水浇灌的话，收集工作较为麻烦，所以很多人选择用自来水浇灌。自来水中含有消毒用的氯气，易与土壤中的钠离子结合形成氯化钠，使土壤碱化，从而对植物的生长产生不利因素。因此如果因家庭条件所限，必须使用自来水进行浇灌时，可以在使用前先将自来水在水盆中放置2～3天，使氯气慢慢挥发掉，再用来浇灌植物。

另外，家庭养鱼的水含有一定的营养成分，因此也是比较好的浇灌用水。

（2）水温 浇水时，要注意水温与土温相差不能太大，不要超过5℃为宜。如果水温和土温相差过大，会引起植物根毛细胞的猛烈收缩，不能正常吸收水分，枝叶出现打蔫现象，甚至枯焦死亡。因此夏季要在早晨或傍晚气温较低时浇水，冬季应提高水温后再进行浇灌。

（3）水量 一般情况下，浇水时一定要掌握好"浇则浇透"的原则，"浇则浇透"是指浇水不要浇半截水，要让盆土上下全部浇透。如果水浇不透，下半截还是干的话，植物的根系就无法向下伸展，根系就会因缺水而干瘪，植物必然生长不良。但是浇透并不等于"浇漏"，"浇漏"则指浇水过多，有大量的水从盆底排水孔中流出。这样的话盆中的养分会随着水大量流失，同样也会影响花卉的生长。

这就要求在给植物浇水时一定要掌握住水量，但是不同的植物，由于其原产地的环境不同，其自身的内部结构迥异，因此对水分的要求也各不相同，根据不同植物对土壤水分的要求，主要分成下面几类。

① 水生植物 水生植物如睡莲、王莲、碗莲等，气孔生在叶表面，体内具有完善的储气机构，并储有大量气体，根、茎、叶以及根茎之间均有发达而相互贯通的细胞间隙或孔道相连，以适应水中的生活。此类植物需要大量的水，因此要求盆土积水。

② 湿生植物 天南星科的植物如菖蒲、马蹄莲等大部分属于湿生植物，由于长期生活在潮湿的地方，因此为了适应环境，它们体内也有较发达的通气组织。此类植物需要保持盆土潮湿，忌干旱。

③ 中性植物 阳台上栽植的大部分植物都属于中性植物，由于它们体内缺乏完善的通气组织，因此不能在积水、缺氧的环境正常生长，此类植物对水分比较敏感，既怕涝又怕旱。因此给这类植物浇水时，要适时、适量，同时要使用疏松、肥沃、通气良好的培养土。

④ 旱生植物 旱生植物如仙人掌类，由于茎叶肥厚，能贮存大量水分，有的叶片退化成刺状，能减少体表蒸发面积，而且体表通常有一层厚而不透水的角质或蜡质，因此这类植物能够长期忍耐

缺水的环境。在培养此类植物时，要根据其耐旱保水且怕涝的特点，严格控制浇水量。

（4）浇水时间　浇水时间并不是可以确切制定的，而要根据不同的植物，掌握其是否需水而决定的。就一般的植物而言，如果叶片及新梢发软下垂，此时就应及时浇水。另外浇水时间四季有别，夏天、晴天水分蒸发量大，浇水要勤，每天要浇1~2次水，时间以早晚为宜；冬天、阴雨天，水分蒸发量小，要少浇水，每周交1~2次水就够了，时间宜为中午；春秋季浇水时间没有严格限制，但春季植物正值生长旺盛期，盆土宜偏湿，秋季盆土宜偏干。

6. 修剪、整枝与立体造型

家养的植物不同于自然生长的植物，在养护时除了适当的水肥管理外，还需要适时的修剪与整枝，如果再加之以立体造型，会让植株不仅看上去更为美观，而且还有利于植株的通风、透光，有利于催发或延长花期，有利于防止病虫害的侵袭，有利于降低养分的损耗。

（1）修剪方法　一般的修剪只需要剪去枯枝、弱枝、病枝以及萌蘖枝、徒长枝即可，但是要想达到通风透光、延长花期、防病虫害，等等，这样做是远远不够的，除此之外还要尽量多的掌握一些修剪方法。

① 摘心　摘心是指摘除正在生长中的嫩枝顶端或牙尖，可以抑制植株长高，使植株矮化并增加分枝数，亦可以抑制生长、推迟开花。

② 抹芽　抹芽是指将枝条上发生的幼小侧芽抹除，以减少过多的侧枝，保证主枝条的茁壮生长。

③ 摘叶　摘叶是指摘除生长已老化、徒耗养分或过密的叶片，以减少养分损耗和促进新叶生长。

④ 摘花　摘花是指摘除残花以及残缺僵化的花朵，以保证嫩芽和嫩枝的生长。

⑤ 摘果　摘果是指摘除过多的果实，以保证所留果实能获得充足的营养。

⑥ 疏蕾　疏蕾是指摘除生长过多的花蕾，可以保证主蕾的充足营养，也可以使花期整齐一致或花期相错，从而达到更佳的观赏效果。

（2）修剪时期　根据植物种类和修剪目的的不同，植物的修剪时期一般可以分生长期修剪和休眠期修剪两种。

① 生长期修剪　生长期修剪是指在植物生长季节或开花以后进行的修剪。主要以摘心、摘叶、抹芽、剪除病弱枝、徒长枝等为主，从而调整株型或调控花期。

在修剪后的初期，勤施薄肥，切忌过浓的肥料，减少浇水量；生出新生枝后，可逐步加大水肥供应量。

② 休眠期修剪　休眠期修剪是指在休眠植物的休眠期进行的，以剪枝为主要内容的修剪。其修剪目的是压低株型，调整株型和枝条走向。

休眠期修剪要掌握好修剪时间，宜在早春即将萌芽时进行。如果修剪过早，则伤口不易愈合，会刺激芽萌发遇寒流冻伤；如果修剪太晚，则新梢已长成，会延误花期。

在修剪后，只要施用腐熟的有机肥作基肥即可，到第二年春季新芽萌发时，可开始追施速效肥，以促进新枝生长。

（3）立体造型　阳台上所栽植的植物多为小型植物，那么立体造型通常可以通过绑扎、固定、修剪、牵引等手段使植株按一定的性状生长，以达到预期的观赏效果。不同的植物可以采取不同的手段来进行立体造型，下面举一些植物造型例子，如：

仙人掌类、凤梨类植物、蕨类植物、百合科植物、石蒜科植物以及万年青、银皇后等植物，只需要简单的修剪或不修剪即能达到好的观赏效果。

大丽花、万寿菊、一串红等常见的草本花卉，只需要摘心就能达到株型浑圆丰满。

菊花类可以通过绑扎、修剪、牵引、摘心等手段完成各种动物造型。

还有家庭常养的发财树、金边富贵竹等植物可绑扎成辫状、瓶状等不同造型。

7. 病虫害防治

病害是指由于病原菌入侵或由于环境条件影响而引起的症状，主要表现在植物的叶片上出现坏死，嫩枝和叶片上有斑状或出现枯梢、枯叶以及根基腐烂，根部腐烂死亡，植株枯黄等现象。

虫害是指由于昆虫对植物的咬食或吸食而形成的影响植物的生长现象，主要表现在叶片或幼茎破损，或叶片由于吸食性昆虫的刺吸出现叶片黄化、卷曲的现象。

病害和虫害不是相互独立的，而往往是相辅相成的，生虫的植物会有病，生病的植物上也会有虫。因为虫害在使植物长势减弱、抵抗力下降的同时，易产生病害，而且虫害产生的伤口也是病原菌入侵的窗口。同样，有病害的植株也易遭受虫害的入侵。

下面列举一些家庭常见的病虫害种类及防治方法。

（1）白粉虱

害虫特征：白粉虱又称小白蛾、白蝇，成虫白色，比蚊子略大，身上密布白色蜡粉，会飞，吸附于叶片背面，轻触叶片时会飞出。

植物受害症状：受害植株叶片正面呈点状黄斑，后发黄枯萎甚至脱落，花朵变小、畸形，甚至不能正常开放。

虫害发生时间：春、夏、秋季皆有可能发生，以春、夏季为多。

主要危害对象：一串红、瓜叶菊、大丽花、月季、吊钟海棠、扶桑、金橘、佛手等。

防治办法：①在阳台上放几块黄色板子，涂上凡士林，可利用粉虱的趋黄性，将其粘住。②在幼虫孵化时，可用牙青灵 800 倍液，或 90％ 敌百虫 800 倍液，或 80％ 敌敌畏乳油 1000 倍液，或溴氰菊酯 2000 倍液将其杀死。

（2）蚜虫

害虫特征：芝麻粒大小，绿色，密布于嫩枝叶上。

植物受害症状：受害植株的叶片、嫩尖卷曲变黄，花蕾畸形，植株不能正常生长。

虫害发生时间：春夏季居多，秋季也有。

主要危害对象：月季、菊花、报春等。

防治办法：可用敌敌畏乳油 800 倍液，或 90％ 敌百虫 1000 倍液，或敌杀死 2000 倍液，或牙青灵 1000 倍液防治。

（3）红蜘蛛

害虫特征：针尖大小，红色或淡色蜘蛛形状，肉眼需仔细观察才能发现。

植物受害症状：受害植株叶片出现小的黄白色斑点，继而斑点扩大，叶片正面呈网状发白。

虫害发生时间：春夏秋季均可发生，6～8月尤为严重。

主要危害对象：一串红、月季、杜鹃、唐菖蒲、冬珊瑚、仙人掌类等。

防治办法：①常向叶面喷雾，保证一定的空气湿度可防止红蜘蛛的发生。②可用三氯杀螨醇1000倍液，或敌敌畏乳油800倍液，或克螨1000倍液防治。

（4）白粉病

植物受害症状：起初嫩叶、嫩梢及花蕾上出现白点，后白点密集形成一层白色菌丝，类似白粉状，继而变成黄色并逐渐加深，最终呈黑褐色，严重时叶片枯死脱落，甚至导致植株停止生长并逐渐萎缩死亡。

发病时间：6～9月份，及高温高湿条件下。

易受感染对象：菊花、月季、山茶、杜鹃、大丽花、木槿等。

防治方法：①改善植株生活环境，合理修剪，保证通风光照，追施磷钾肥以提高植株的抗病能力。②发病初期喷施25%粉锈宁800～1000倍液或70%甲基托布津1000倍液进行防治。③剪去受害严重的枝条，并与其他植物隔离。

（5）炭疽病

植物受害症状：叶片、花、茎感染后出现圆形、椭圆形淡黄色，周围黑褐色病斑，界线明显、稍微下陷，病斑中部长出明显的黑色小点，呈同心轮纹排列。天气潮湿时，病斑上产生红色黏液。

发病时间：春秋阴雨季节，气温在23℃左右的条件下易发生。

易受感染对象：吉祥草、麦冬、萱草、金盏菊、菊花、鸡冠花等。

防治方法：①发病初期可用70%甲基托布津800倍液，或50%多菌灵1000倍液进行防治。②发病严重时，要清除病源，及时摘去患病的叶片，集中烧毁。

（6）锈病

植物受害症状：发病初期叶片上出现淡白色斑点，逐渐增大变成锈黄色，病斑粒状隆起，破裂后，有锈黄色粉末散出。

发病时间：春夏秋季均可能发生，散出的粉末可潜伏于新芽处越冬，次年春季再次发生。

易受感染对象：此病传染性极强，一般草本或木本花卉均有可能被感染。

防治方法：①发病初期可用 25% 粉锈宁可湿性粉剂 2000 倍液防治。②发病严重时，应及时修剪枯病枝，集中烧毁。

另外，虫害类比较常见的还有蚜虫、蜗牛、介壳虫、斜纹夜蛾等，用 80% 敌敌畏乳油 1000 倍液均可进行防治。病害类比较常见的还有猝倒病、立枯病、腐烂病、叶斑病等均可以用 70% 甲基托布津 800 倍液进行防治。

8. 繁殖管理

植物繁殖可以分为有性繁殖、无性繁殖和组织培养等方法。有性繁殖就是种子繁殖，无性繁殖主要通过扦插、压条、分株、嫁接、组织培养等方法来实现的。阳台绿化中多以盆栽为主，盆栽中又以草本花卉为多，这里简单介绍几种最常用的繁殖方法及管理。

（1）播种　阳台花卉的播种繁殖通常采用盆播，所用的盆器最好用口径较大者。通常播种繁殖分为点播法和撒播法。

① 点播法适用于繁殖种子较大的阳台植物，例如含羞草、旱金莲、君子兰、牵牛花、苏铁、天冬门、文竹、紫茉莉等。操作时先将播种盆准备好，填上培养土，再根据种子的大小按照一定的距离挖穴，然后放入种子，每穴可放入 2～3 粒，以便以后挑选壮苗，最后再覆盖一层厚度为种子直径 3～4 倍的土，用手压紧土。后将播种盆置于避光处，浇足水，并用玻璃板将其盖上，以保持盆土的湿度。待盆土见干时用细孔喷壶轻轻喷水，待齐苗后将玻璃板去掉，以保证幼苗正常生长，当小苗长出 2～3 枚真叶时即可进行移栽。

② 撒播法适用于繁殖种子较小的阳台植物，如矮牵牛、百日草、千日红、大岩桐、鸡冠花、金鱼草、锦葵、半枝莲、石竹、美女樱、一串红、三色堇等。操作时先将播种盆准备好，将培养土填至六七成满。将种子与细砂混合在一起，并将其均匀地撒播在培养土上，再盖上一层土，将播种盆放在避光处，浇足水，盖上玻璃

板。待出苗后，去掉玻璃板，进行移栽。

（2）扦插　扦插繁殖是利用植物器官的再生作用，将植物的某一部分从植物体上取下，然后插在适宜生根的基质中，使之发育成一个完整植株的过程。在扦插繁殖中以叶插和枝插两种方法最为普遍。

①　叶插法　选用较为粗壮的无病虫害的主侧脉叶片，用带柄整叶或切成数片，平贴插入准备好的培养基质，喷水保湿，经过一定的时间便可生根，形成新的植株。此法多用于草本花卉，如秋海棠、豆瓣绿、落地生根、橡皮树等。

②　枝插法　选用健壮无病虫害的一二年生枝条，截取长度为10～15厘米，每枝可带2～3个芽或叶片，然后将其插入到培养土中，深度为插穗长度的1/3或2/5，浇足水，遮阴保湿。大约4～6周后可生根发芽。此法适用于地锦、佛手、葡萄、山茶、石榴、无花果、一品红、月季、紫藤等植物。

（3）压条　压条繁殖是将植物的枝条包埋在基质中使之长出新根，再将带根枝条剪下重新栽种的繁殖过程。一般压条繁殖又分为普通压条和高空压条两种方法。

①　普通压条　普通压条一般适合于匍匐性生长的植物，将母株靠近盆土的枝条韧皮部刻伤或环刻后压入土中，待生根后剪下重新栽植，如腊梅、连翘、迎春、栀子、紫藤等。

②　高空压条　高空压条对于生长在树冠的枝条十分适用，将其中部进行环刻，然后用装有培养土的塑料袋进行包裹，保持培养土湿度，待生根后将其切离母株另行栽种。适合高空压条的阳台植物有扶桑、山茶、杜鹃、月季等。

（4）分株　分株繁殖是当植物生长到一定程度时将其进行分割，把所获新株另行栽种的繁殖方法。一般分株繁殖又可分为分苗和分球两种方法，前者用于萌蘖性强的草本花卉，后者多用于具有根茎、块茎、鳞茎的球根花卉。

①　分苗　分苗法是将萌蘖从母株上分离另行栽种，使之成为一棵新株的繁殖方式，适合在早春和晚秋进行。此法简单易行、成活率高，适合分苗法的阳台植物有波士顿蕨、草莓、凤眼莲、鹤望

兰、虎耳草、惠兰、吉祥草、龙舌兰、芦荟、南天竹、玉簪、紫萼等。

② 分球 分球法是将球根花卉所长出的新生根茎、块茎、鳞茎等进行分离，重新栽种的一种繁殖方式，适合在春秋季节进行。在春季分球的植物有慈姑、葱莲、大丽花、美人蕉、睡莲等；在秋季分球的植物有百合、马蹄莲、小苍兰、郁金香、朱顶红等。

（5）嫁接 嫁接法是将植物的枝条、芽部等移接在其他植物体上，使其能够成活并发育成一个新的植株的繁殖方式。一般家庭养花用到嫁接法的较少，但为了立体绿化的效果更加出众，在阳台立体绿化中可以考虑尝试嫁接。嫁接的方法很多，一般有芽接和枝接之分，而在枝接中又有切接、劈接、腹接、靠接等方法。适合芽接的阳台植物有碧桃、月季等，适合枝接的有佛手、香橼等。

二、绿化设施的管理

阳台绿化，由于长期的环境影响，特别要注意其绿化设施的后期管理。不论是花架、攀缘架、吊钩还是吊盆、吊袋，也不论是木质材料、塑料材料还是钢制材料，即使在普通的环境中，也避免不了因空气的长期腐蚀而老化、腐化，更何况是在阳台这个特殊的环境里，又长期与植物在一起，养护植物时浇水、施肥等管理措施，会加快绿化设施损坏的速度和程度。因此，在做好植物养护管理的同时，一定要定期排查其设施的安全性，及早排除隐患。

第四节 阳台绿化实例

实例一：

阳台描述：阳台为开放式南阳台，通风条件好，阳光充足。墙角有排水管，顶端有晾衣架。

立体绿化思路：利用一个稍高型的植物盆栽置于墙角，可以适当遮掩排水管道，例如发财树、绿萝、石榴等。地上则利用一些开花的植物围绕，以增加下部重心，例如美女樱、三色堇等。以白墙为背景，前置一欧式的立体花架，上面摆有各式各样的盆栽，别有一番风趣。

阳台的护栏内设置一铁艺支架,放置各种中小型花木,如果条件允许,护栏外部也可设置一个或多个活动花槽。还可以利用顶端的晾衣架挂几个垂盆,以增加阳台绿化的立体感,同时在阳台上又留有足够大的活动空间,以保证主人的正常生活(图4.16,彩图4.16)。

图4.16 开放式南阳台绿化

实例二:

阳台描述:阳台为封闭式南阳台,通风较差,光照较好,阳台面积较小。

立体绿化思路:此类阳台的面积较小,所以应该考虑用柜式花架或者立式花架,来增大阳台的绿化面积,也可以自制攀缘架,以达到相同的效果(图4.17,彩图4.17)。

图4.17 封闭式南阳台绿化

第五章
门庭绿化

第一节 门庭及门庭绿化概念

　　大门是建筑群体空间序列的起点，它的位置非常重要，具有防卫、交通、文化等功能。门是一种限定和连接内外空间的元素，不仅为人们生存空间的内与外提供了可识别的界限，同时也是联系内外生活，沟通内外空间的物质手段，体现着空间的流通性、渗透性和指向性。它既可将室内变成室外成为人们交往场所，也可把室外变成室内供人们容身。所以，门是位于内外空间的中间领域或过渡空间。

　　此外，建筑的大门还提示着某种文化内涵，表达着深层的象征意义。同时也是不同地域、不同生活方式和不同时代的表现。在这种意义上，门成为表达建筑艺术的一种极富感情色彩的载体，它的形象在相当程度上影响了人们对建筑或建筑群体的感受。站在城市景观的角度看，建筑的大门往往临街建造，自然就成为街景的一部分，其设计的好坏也会影响到周围的景观。所以认真推敲其体量、形状、细部结构、材质、色彩以及绿化组织等，合理地组织各种要素，对丰富城市景观，就显得极为重要。

在设计大门时，应该突出它的形态特征，在顶棚上匠心独运，如采用一些悬挂、网架等新颖的结构形式，来体现时代文明和技术进步。还可以利用浮雕、绿化、水景等手法来强化其艺术气氛。其中利用植物进行绿化可以在大门建成后重新布置大门的景观，植物的生机与活力可以给人留下深刻的印象。

门庭绿化是指各种攀缘植物借助于门架以及与屋檐相连接的雨篷进行绿化的形式，融和了墙面绿化、棚架绿化和屋顶绿化的方式方法。每个庭院都有大小不同的出入口即园门，园门对于庭院空间组合分隔、渗透造景有重要的作用。由于园门是进出之处，位置显露，因此门的绿化格外引人注目。随着各项绿化技术水平的不断提高，门庭绿化在城市立体绿化中的地位越来越重要。配置合理、高质量的门庭绿化，有助于单位和庭院树立良好的形象。

第二节 门庭绿化植物的选择

一、门庭绿化在用植物营造时应考虑的因素

绿化时应根据门、廊的结构、材料，具体环境条件，养护手段来设计和选用不同的植物材料。

1. 门的材料

大门的材料选择上有很多种，如木质的门，在植物选择上就应烘托出木质门特有的气息；如果是铁艺大门，两侧对称配置植物，会令人赏心悦目（图 5.1、图 5.2，彩图 5.1、彩图 5.2）。

2. 大门的高度

大门的高度不同，植物的配置方式、达到的景观效果也不同。高度在 2 米左右可种植常春藤、牵牛等；高度在 3 米以上可种植葡萄、紫藤、金银花、木香、爬山虎、美国凌霄、常春油麻藤、炮仗花等。

3. 大门的形式和色彩

大门的形式有很多，如推拉式、对开式，侧开式，上开式，下开式等，大门色彩上也不同，则在植物选择上、搭配上就有所不同。

图 5.1 木质门，在植物选择上就应烘托出木质门特有的气息

图 5.2 围墙、门柱、栏杆、铁艺门、照明灯、地面铺装、规整的草坪、修剪圆润的球状植物与建筑浑然一体，是欧洲古典风格及现代主义风格的绝佳搭配

4. 植物季相

攀缘植物有些具有一定的季相变化，刚萌发的紫藤春季露出淡绿的嫩叶，夏季叶色又变为淡绿；深秋的五叶地锦一改春夏的绿色面目，鲜红的叶子使秋色更加绚丽。因此，在进行门庭绿化时要考虑植物季相的变化，并利用这些季相变化去合理搭配植物。多以乡土树种为主，主要树种应有较强抗污染能力，应选用一些适应性强、耐瘠薄、耐干旱的植物种类。

二、门庭绿化植物的选择原则

（1）绿化与周围环境和建筑风格相协调的原则 大门的绿化要与周围的环境相协调，如古朴的大门，可选择一些紫藤和蔷薇等组成门洞，能够产生深幽的意境。而现代建筑的大门，则应选用一些能形成整齐效果的植物材料。

（2）根据大门立地条件来选择 大门处可绿化的面积有限，植物生长条件比较恶劣，应选用一些耐干旱瘠薄的植物。还应根据大门的朝向选择合适的植物，绿化南向的门前，可以均衡配置草本植物以及花灌木；北向的门前比较阴冷，绿化应该选择耐阴的植物。

（3）根据大门的建筑特点，采用不同的植物 大门的建筑形式各不相同，不同形式的大门要采用不同的绿化方式，才能显示出门庭绿化的美感。建筑形式不同，植物所绿化的部位也不一样，有的大门有门廊，绿化时就应该考虑大门的门廊，植物材料可以选择适合棚架绿化的藤本植物，有的大门有门柱，在门柱上进行绿化就要考虑适合墙面绿化的植物。

第三节 门庭绿化的布置形式

门是建筑的入口和通道，并且和墙一起分割空间，门应和路、石、植物等一起组景形成优美的景观，植物在其中能起到丰富建筑构图、增加生机和生命活力，软化门的几何线条、增加景深、扩大视野、延伸空间的作用。入口和大门的形式多样，因此其植物配置应随着不同性质、形式的入口和大门而异，要与入口、大门的功能氛围相协调。

大门前方的空间绿化应该简洁大方；门外两侧可对称栽植常绿灌木或设置花坛、花池，栽植花灌木、草皮；大门内广场中心可设置喷泉、水池、假山或雕塑，两侧配置花坛，栽植花灌木、花草，还可铺以草坪，点缀四季鲜花，营造出生机勃勃，欣欣向荣的氛围。如果周围面积宽敞，可设计成大草坪，草坪上配以少许常绿灌木、孤植树，具有浓厚的观赏趣味。还可结合原有地形、水景等，改造成小花园，叠假山，建小桥，搭棚架，铺卵石小路。在周边环境做好的基础上，关键是做好大门的垂直绿化。

一、门庭绿化的形式

大门与庭廊绿化是建筑绿化的一部分，常采用类似于墙面绿化的方式来绿化门柱，或者选用攀缘植物种植于廊的两侧并设置相应的攀附物使植物攀附而上并覆盖廊顶形成绿廊，也可在廊顶设置种植槽，选植攀缘植物中一些种类，使枝蔓向下垂挂，形成绿帘或垂吊装饰。另外，在门梁上用攀缘植物绿化可以形成绿门，在不影响大门功能的情况下绿化整个大门，可以形成良好的大门景观。门庭绿化常见的形式包括以下几种形式。

1. 绿门式绿化

园门绿化常常与绿篱绿墙结合，其形式较多。可直接用一些耐修剪的植物材料做成拱门，或用分枝低的龙柏、圆柏、珊瑚树等为主体，其内部采用木材或者钢材做骨架，再将常绿树的干、枝绑在骨架上加以造型修剪，既可以创造生动活泼的绿色门景，又可以创造出富有生命力和独特观赏效果的景观（图5.3，彩图5.3）。

2. 结合式绿化

这种绿化方式是将有生命的花木材料和建筑材料结合在一起创造景观。可以将绿色植物栽植到装土的空心门柱上，让其下垂或者在上面创造观花观叶门景，要注意门柱的高度不要太高，这样可使毛细水分达到植物的根部；如果门柱较高则要注意经常浇水或者选择耐旱的植物材料。也可采用盆栽的方式直接放在门柱上或者门的两侧，或设在门柱旁的花台之上（图5.4，彩图5.4）。

图5.3 绿门式绿化

图5.4 结合式绿化

3. 攀附式和棚架式绿化

利用藤本植物的攀缘特性，让植物材料在大门的花墙、门柱或者门框上攀爬，一些公园的入口处，用假山石做成，可以用藤本植物直接覆盖住这些山石，或者用钢铁、竹木、水泥等做成门前的棚架，在其两旁种植攀缘植物，形成棚架式绿化（图5.5，彩图5.5）。

4. 悬挂式绿化

在大门的门柱或者大门两侧的墙面设置一些吊钩，采用悬挂的方法，在大门的两侧设置一些吊盆，栽植一些小型的盆栽植物，也可以起到装饰美化大门的作用。雨棚位置的绿化也可以采用悬挂式，但是要注意不影响行人的通行。

5. 摆放式绿化

在一些规模较大的建筑的门口，进行台阶等处的绿化时，可以用盆花来布置在台阶的边缘。或在大门台阶的中央按照立体花坛的布置方法，摆出一定的造型。也可以在大门的不同部位摆放一些盆花来装饰美化。摆放或绿化的花卉要求花色较为鲜艳。

图 5.5　棚架式绿化

二、门庭绿化的实施

园门的绿化要在保证出入方便的前提下，注意内外景色的不同，采用放或者收的手法，以增加风景层次深度，扩大空间，还要注意对景、框景的应用。在进行大门的景观设计时，应结合考虑它所处的地点和建筑环境，灵活运用不同的绿化设计手法，使之成为建筑群体的亮点。

1. 门柱的绿化

大门的垂直绿化的主要部位是大门的门柱，门柱上可以绿化的部位有门柱的顶部和表面。在门柱的表面绿化，植物材料可以在门柱基部设置种植槽，或者在大门建筑的时候预先留出一定的空地，用来种植藤本植物，并在门柱上采取一定的措施使藤本植物固定。在门柱的顶部设置种植槽时，可以栽植迎春、连翘等垂枝小灌木或花卉，具体要根据不同的门柱形式选择合适的种植方式（图 5.6、图 5.7，彩图 5.6、彩图 5.7）。

2. 大门两侧的花墙绿化

大门两侧的花墙，可以采取墙面绿化的方式，用爬山虎等藤本植物在墙面上攀缘覆盖，也可用不带刺的藤本花木进行配置，如藤本月季，采用人工牵引的方法，使植物的枝条按照要求绿化大门两侧的墙面。种植池可以设在墙内，也可以设在墙外（图 5.8，彩图 5.8）。

图 5.6　门柱的绿化（植物材料可以在门柱基部设置种植槽用来种植藤本植物，并在门柱上采取一定的措施使藤本植物固定）

图 5.7　在门柱的顶部设置种植槽，里面种植矮牵牛对门柱进行装饰

3. 台阶的绿化

在建筑的大门处，入口或者门道高出地面时，常常修建台阶来解决地势高低不同的问题。建筑大门前的台阶一般比较整齐，绿化的方法是在台阶的护栏处设置种植池，在上面种植植株比较矮小的灌木如铺地柏等或一些宿根草花，以不影响大门的景观为宜；也可以在台阶的两边放置盆花。或者在台阶的边缘设置花台，花台上设置种植池，在种植池的边缘种植爬山虎、络石、忍冬花等藤本植物，让其枝条自然下垂（图 5.9，彩图 5.9）。

4. 庭廊的绿化

有些大型建筑的大门设有庭廊，绿化时可在入口门廊的边缘设置种植池，种植藤本植物或者垂枝的小型灌木种，使枝条自然下垂，别有一番情趣。没有大门庭廊的建筑，如果条件允许，在不影响建筑景观的前提下，可以在大门或者入口的地方设置棚架，在其上攀缘葡萄、紫藤、藤本蔷薇等藤本植物，可以形成一个相对私密的入口空间（图5.10，彩图5.10）。棚架可以用各种材料，常见的有竹木结构或者是钢架结构。棚架的形式可以根据门的情况与大门周围的环境灵活掌握。这种棚架入口在一些公园的大门经常见到。

图5.8　大门两侧的花墙绿化　　　　图5.9　台阶的绿化

图5.10　用藤本月季进行庭廊绿化

5. 雨篷的绿化

公用建筑或居民住宅楼门上设置较宽大的挑台，俗称雨篷。雨篷是大门建筑中常见的部分，一般突出于建筑之外，可以起到挡雨的作用，从而保护大门。雨篷的结构样式不同，有的狭而长，有的短而阔，有的圆而小。

利用植物材料覆盖雨篷，可以减轻雨水对大门的冲刷作用。雨篷绿化也是建筑空间中建筑本体垂直方向上的绿化，所以雨篷绿化也属于立体绿化的范畴。由于雨篷的位置和地位与窗台、屋顶类似，在大门绿化时，可以像屋顶绿化布置那样对一些大门的雨篷进行绿化，可以在上面摆设盆花或者直接设种植槽。在雨篷边沿摆设疏密有致的时令花卉，或者栽植一些小型的柔枝下垂的花灌木，例如迎春等植物，也可采用一些小型的攀缘植物材料，在上方设置种植槽，采用牵牛花等草本的攀缘植物，但无论采取何种布置都要注意雨篷的载荷（图 5.11，彩图 5.11）。

图 5.11　雨篷的绿化

第四节　门庭绿化的管理

大门是进出比较频繁的地方，人流一般较大，对植物的生长来说条件比较差，大多数选择的藤本植物都能比较适应这种环境，但是也要采取一定的管理措施才能保证绿化效果的持久。由于大门绿化与墙面绿化和屋顶棚架绿化类似，所以管理措施也类似。

1. 浇水

植物在比较恶劣的土壤环境中，往往生长不良，如果采取精心水肥的管理，可以充分发挥植物的优势，使植物生长良好。大门是人流较多的地方，土壤密实度大，水分和养分条件较差，所以在大门的绿化完成后要加强水肥管理，使植物生长旺盛，充分发挥绿化的生态作用。

① 栽植后应及时浇水；新植和近期移植的各种攀缘植物，应连续浇水，直至植株不灌水也能正常生长为止；

② 要掌握好 1～5 月浇水的关键时期；

③ 生长期应松土保墒，保持土壤持水量 65%～70%；

④ 由于攀缘植物根系浅，占地面积少，因此在土壤保水力差或天气干旱季节应适当增加浇水次数和浇水量。

2. 牵引

① 牵引的目的是使攀缘植物的枝条沿依附物不断伸长生长。特别要注意栽植初期的牵引。新植苗木发芽后应做好植株生长的引导工作，使其向指定方向生长。

② 对攀缘植物的牵引应设专人负责。从植株栽后至植株本身能独立沿依附物攀缘为止。应依攀缘植物种类不同、时期不同，使用不同的方法。如捆绑设置铁丝网（攀缘网）等。

3. 施肥

① 每年夏、秋施追肥，冬季施基肥；

② 新栽苗在栽植后两年内宜根据其长势进行追肥；

③ 生长较差、恢复较慢的新栽苗或要促使快长的植物可采用根外追肥。

4. 理藤

① 栽植后在生长季节应进行理藤、造型，以逐步达到均匀满铺的效果；

② 理藤时应将新生枝条进行固定。

5. 修剪

门庭绿化关系到大门的美观，由于植物是活的，生长以后可能就离开了原来设计好的路线，从而影响整个建筑的立体绿化效果，所以在绿化完成以后，在植物生长过程中，要对藤本植物进行适当修剪，保持合适的造型，或者使植物按照设计好的路线攀缘。对于绿门式的绿化植物更是要经常修剪，才能保持初始的造型。

修剪宜在 5 月、7 月、11 月或植株开花后进行，修剪可按下列方法进行：

① 对枝叶稀少的可摘心或抑制部分徒长枝的生长；

② 通过修剪，使其厚度控制在 15～30 厘米；

③ 栽植 2 年以上的植株应对上部枝叶进行疏枝以减少枝条重

叠，并适当疏剪下部枝叶；

④ 对生长势衰弱的植株应进行强度重剪，促进萌发；

⑤ 对墙面、门庭、花架等的攀缘植物要经常进行修剪，保持其整齐性及植株的优美。

6. 病虫害防治

① 病害和虫害的防治均应以防为主，防、治结合；

② 对各种不同的病虫害的防治可根据具体情况选择无公害药剂或高效低毒的化学药剂；

③ 为保护和保存病虫害天敌，维持生态平衡，宜采用生物防治。

7. 其他管理措施

大门绿化中还用到其他的植物材料，摆放式绿化中所用的盆花要根据盆栽花卉的要求进行管理，还要经常更换花卉以保持好的景观效果。

第五节 门庭绿化实例

见图 5.12～图 5.16，彩图 5.12～彩图 5.16。

图 5.12　为了突出白色的外壁，以粉色的百日草装饰，加上悬挂的花盆，更显出立体感

图 5.13　将橙色、白色、紫色的三色堇配置于视线上方，构成明快的气氛，脚边生机勃勃的牵牛花，更增添华丽的韵味

图 5.14 在宽敞的大门走道，将盆花艺术地摆放，形成一个艺术角，牵牛花和新几内亚凤仙花等粉色系列的草花并列着，给人和谐统一的感觉

图 5.15 大门前搭上架子，栽上葡萄等植物，这样不仅能收获花卉和果实，还能得到一个遮阳的凉爽空间

图 5.16 充分发挥台阶和悬挂花篮的效果，各种颜色的三色堇使大门通道五彩缤纷，而且还可以利用台阶和铁门来配置高低不同的花盆，达到绚烂的立体绿化效果

第六章

棚架绿化

第一节 花架、棚架绿化概述

一、花架、棚架绿化的历史与现状

我国是世界上运用棚架绿化较早的一个国家，有着悠久的历史，很早就开始利用棚架栽植藤本植物用于生产，始于何年却无实物可以考证。关于对于木香亭、紫藤架（古称藤萝架）、葡萄廊、蔷薇门的描述，在我国古诗词中屡见不鲜，所谓"云遮日影藤萝合，风带潮声枕肇凉"，正是古时棚架绿化最诗情画意的写照，在《圆明园四十景图》的"慈云普护"一节中有"一径界重湖间，藤花垂架"的描述（图 6.1，彩图 6.1）。在中国古典园林中，棚架可以是木架、竹架和绳架，也可以和亭、廊、水榭、园门、园桥相结合，组成外形优美的园林建筑群，甚至可用于屋顶花园（图 6.2，彩图 6.2）。在国外，花架、棚架应用也比较早且应用较广。在文艺复兴时期，棚架就出现在花园的遮阴人行道上，1904 年光线和阴影互相调和的棚架出现于英国肯特郡。

图6.1 《圆明园四十景图》的"慈云普护"一节中有"一径界重湖间，藤花垂架"的描述

图6.2 北京恭王府中二三百年前的紫藤花架郁郁葱葱，给游人带来阵阵清凉

随着园林事业的不断发展以及建筑事业的发展，各种各样的花架棚架类型出现。花架棚架具有美化环境的同时兼有遮阴的功能，花架和棚架已经成为园林中重要的绿化布置方式，在城市立体绿化中占有重要的地位。目前，世界各国的城市都在广泛应用。

二、花架、棚架绿化的概念与意义

花架、棚架绿化是各种攀缘植物在一定空间范围内，借助于各种形式、各种构件在棚架、花架上生长，并组成景观的一种立体绿化形式。花架（图6.3）是以绿化材料做顶的廊，又是供攀缘植物攀爬的棚架，可以供人们休息、乘凉、坐赏周围风景的场所。现在的花架，有两方面作用。一方面供人歇足休息、欣赏风景；另一方面为攀缘植物生长创造生物学条件。棚架（图6.4）和花架的区别仅在于平面覆盖范围的大小，棚架在开间和进深两个方向的尺度比较大，形成较大范围的覆盖，其选材及做法和花架无太大区别，有时很难区分。花架、棚架是以建筑与植物相结合的组景造景素材，它不能完全代替建筑的功能，也不能和大面积绿地的生态效益相提并论。因此它的功能特点主要在于可以解决建筑过量的矛盾以及增加园林中的空间绿量。

图 6.3　花架　　　　　　　　　　　图 6.4　棚架

　　花架一般仅由基础、柱、梁、椽四种构件组成，而有些亭架的梁和柱合成一体，篱架的花格实际上代替了椽子的作用，所以是一种结构相当简单的建筑。由于结构简单因此组合灵活轻巧，给人一种轻松活泼的感觉；由于结构简单施工工序较其他园林建筑简捷方便；这种简单构件的用材量少，工程造价低廉。所以在各类园林中不管用地形状、空间大小、地形的起伏变化如何，花架都能组成与环境相吻合的形式。既可建成数百米的长廊，也可以是一小段花墙；既可以是地处一隅的一组环架，也可以建于屋顶花园之上；可以沿山爬行，也可以临水或矗立于草地中央。总之，它灵活多样的变化特点是比较突出的。

　　花架可应用于各种类型的园林绿地中，常设置在风景优美的地方供休息和点景，也可以和亭、廊、水榭等结合，组成外形美观的园林建筑群；在居住区绿地、儿童游戏场中花架可供休息、遮阴、纳凉；用花架代替廊子，可以联系空间；用格子矮墙攀缘藤本植物，可分隔景物；园林中的茶室、冷饮部、餐厅等，也可以用花架作凉棚，设置坐席；也可用花架作园林的大门。花架、棚架不仅在园林绿地中广泛设置，在室内、商店、屋顶、天井内也有所见，成为美化与丰富生活环境的重要手段。

　　花架、棚架绿化的实际应用价值与其他绿化形式有所不同，因为花架棚架不仅为观赏和经济的攀缘物生长提供了便利条件，也为人们夏日消暑乘凉提供了场所；从园林建筑设计的角度讲，还具有组织空间、划分景区、增加风景深度、点缀景观的功能，利用一些观花的藤本植物可以形成美丽的花架，供人们游憩欣赏；花架可以作景框使用，将最佳景色收入画面。花架也可以遮挡陋景，用花架的墙体或基础把园内既不美又不能拆除的构筑物如车棚、人防工事的顶盖等隐蔽起来。作为一种园林中的建筑与小品，花架有别于其他建筑绿化形式，由绿色植物的枝叶、花朵、果实自由攀缘和悬挂点缀所形成的空间具有通透感，置身其下感觉凉爽惬意。花架棚架的设计与绿化布置往往可以成为园林中的一个景点。

第二节 花架、棚架绿化的植物选择与配置

随着园林事业的发展，棚架形式及结构也在不断发展，不同花架、棚架的绿化牵涉到构件的质地、色泽及形式和空间位置，因此在采用植物布置花架、棚架时，要考虑藤本植物的攀缘性能和生长习性，使植物与棚架之间搭配合理，以达到最佳的群体效果。在为棚架布置植物时尽可能考虑以下因素。

一、棚架用途与植物配置

虽说棚架种类繁多，形式多样，但就其功能而言，只有经济型和观赏型之分；而经济型根据应用类型的不同又可以分为生产型和药用型。

在现代园林中，观赏型棚架除供植物攀缘外，有时也取其形式轻盈，点缀园林建筑的某些墙段。还有一些观赏型棚架根据现有的立地条件，利用路面、天井、阳台、屋顶以及零星空地搭建观赏型棚架，无论在构造上，还是在植物配置上都有别于经济型棚架。它主要用于遮挡建筑物的缺憾及减少酷暑的炙烤和冬日的寒风，因此要利用不同植物的季相变化，使攀缘植物的开花结果期错开，使之常年起到装饰美化环境的作用。

适宜观赏型棚架种植的藤本有百余种，常用的有紫藤、木香、凌霄、藤本月季、藤三七、蔷薇、猕猴桃、油麻藤、金银花、葡

萄、毛叶子花、蝙蝠葛、铁线莲、牵牛花、木鳖、茑萝等开花、观果植物。

为达到经济效益和观赏效果兼收，在城市立体绿化中，可选种观赏南瓜、扁豆、葫芦、苦瓜、红花菜豆等攀缘植物配置。在农村棚架绿化一般选择卷须类和缠绕类藤本经济植物，如中华猕猴桃、葡萄、南瓜、冬瓜、葫芦、北瓜等，部分枝蔓细长的蔓生种类如扁豆、长豇豆、爬蔓四季豆等也是农村棚架绿化的适宜材料，现在土地富裕的农村也有的以种植藤本花卉来覆盖绿廊、棚架的顶部。

经济型棚架一般不追求造型美，也不讲究色彩的配置，但强调结构的牢度，以经济要求来配置植物，主要应用于一些居住小区中。通常配置丝瓜、扁豆、葡萄、猕猴桃等经济效益高的攀缘植物；一些以药用类为主的棚架上，则宜栽种葫芦、茑萝、薯蓣（俗称山药）、鸡血藤、三叶木通、千金藤、使君子等具有药用价值的攀缘植物，在取得经济效益的同时具有较好的观赏效果。

二、植物攀缘方式与植物配置

适宜棚架绿化的攀缘植物种类很多，攀缘植物可分为缠绕藤本、攀缘藤本、钩刺藤本、攀缘藤本四类。缠绕藤本，依靠茎的本身螺旋状扭转向上生长的藤本植物，如薯蓣、啤酒花、金银花、紫藤、油麻藤、木通、扁豆、牵牛花、茑萝、何首乌、藤三七等；攀缘藤本，靠吸盘攀缘的，如爬山虎、地锦；钩刺藤本，依靠茎上的倒钩刺附属器官帮助生长的攀缘藤本，如藤本月季、木香、野蔷薇、十姐妹等；攀附藤本，依靠生气不定根攀附棚架的藤本植物，如常春藤、薜荔、络石、凌霄、石血、南五味子等。因此在绿化植物的配置过程中，要注意一些植物的攀缘特性，根据植物的攀缘方式进行棚架植物选择与配置，如常春藤是借其老藤蔓滋发气生根附架而上的，故初栽时需要采用绳索牵引或者与爬山虎混栽，以免影响初栽植物效果。葡萄、猕猴桃、丝瓜、苦瓜、葫芦、铁线莲等攀缘植物，可以用茎或叶卷须攀附于棚架，在应用上不需要太严格的牵引，就能随棚架构件的形体变化攀缘而上，表现出美的景观。因此，在构筑棚架前就得事先考虑到植物的攀缘方式，选择相宜的棚架构；或者根据已有棚架的结构形式美选择攀缘方式相宜的植物。只有这样，攀缘植物才能按它的攀缘方式正常生长，达到棚架设计时的要求。

三、棚架结构与植物配置

不同的棚架需要要有不同的植物来配合，通常情况下，绳索结构、金属结构、竹木结构的一些小型棚架，适宜栽种牵牛花、啤酒花、红花菜豆、茑萝、扁豆、丝瓜、月光花、葫芦、香豌豆、何首乌、观赏南瓜等缠绕茎发达的草本攀缘植物，这些小型的植物可以衬托棚架的结构，在安全上没有问题，且一般不需要牵引。另外，一些攀缘能力较强的葡萄、油麻藤、猕猴桃、常春藤、藤本月季、硬骨凌霄、金银花等中小型木本攀缘植物，也适宜在这些棚架上攀缘生长，只是牵引较费工费时。而粗重的砖石结构棚架、造型多变的钢筋混凝土结构棚架，因承受力大，比较适合栽种木质的紫藤、凌霄、猕猴桃、葡萄、木香、蝙蝠葛、南蛇藤、地锦、蛇葡萄等一些大型的藤本植物。对于那些要借助于绳索牵引而上的木质藤蔓小苗，不妨采用绳索牵引与木质藤本植物混栽的方式，使之互相缠绕攀缘而上。

如果要覆盖长廊的顶部及侧方，以形成绿廊或花廊、花洞，宜选用生长旺盛、分枝力强、叶浓密而且花果秀美的种类，如紫藤、炮仗花、金银花、木通、南蛇藤、凌霄、鸡血藤、扶芳藤等（图6.5，彩图6.5）。而绿亭、绿门、拱架等场所的绿化宜选择花色鲜艳、枝叶细小的藤本植物，如铁线莲、叶子花、蔓长春花、探春等（图6.6，彩图6.6）。

四、植物生态与植物配置

我国有丰富的藤本、蔓生植物资源，它们有的栖身于阴暗潮湿之地，有的生长在烈日之下，通过长期进化形成了各自的生态特性，按照它们对光照要求的不同，可以分为耐阴植物与喜光植物。因此，在为棚架配置植物前，首先要了解不同植物的习性，以及棚架所处的位置，包括了解立地的光照条件和土壤理化性质，在此基础上，选择适宜配置的植物。如巷道式棚架，由于其所处的空间窄

图 6.5 凌霄花架

图 6.6 棚架上爬着铁线莲，不仅给露台带来了阴凉，也装点着露台这个园艺小屋的入口

小，光照必然受到影响，就应当选择耐阴的藤本植物；而一些设在宽敞且光线明亮处门廊式棚架，应该配置喜光开花的藤本植物。常用的阴性植物有络石、金银花、扶芳藤、藤三七、木通、南五味子、油麻藤、常春藤等，植物宜阴凉处生长；而阳性植物有凌霄、牵牛花、紫藤、葡萄、丝瓜、木香、茑萝、三角花等，适宜在较强的光照条件下生长。

第三节 花架、棚架绿化的结构

一、花架、棚架设计注意的问题

由于花架的形式结构简单，虽然可以创造出不拘一格的建筑形式，但是因为花架要在不同的环境中起不同的作用，所以它的设计和运用具有相应的规律性，必须给予应有的重视。

① 在公共绿地中的花架，需要突出它的组景造景作用和提供游憩设施的功能。

这是公共绿地的性质所决定的。公共绿地游人较多，需要充分利用一切设施为游人服务。公共绿地中绿化面积较大，花架在形态、体量、色彩、负载感上都较易与环境形成鲜明的对比，引起游人的注目，能够显著表现花架组景、造景的美化艺术效果。

② 在附属绿地内花架应当偏重于体现它装饰建筑空间和增加环境绿量的作用。

因为附属绿地周围建筑的比重较大，要充分利用任何一块可能被利用的空间来增加绿量改善生态，美化和减弱建筑空间的呆板枯燥形象。花架门、花架墙、花架廊等都是以弥补建筑空间的缺乏和不足来创造花架的形式。

③ 作为主景的花架必须突出自身的风格艺术特点。

使人感觉亲切的花架，首先要有一个适合于人活动的尺度，花架的柱高不能低于 2 米，也不要高出 3 米，廊宽也要在 2～3 米之间等。使人感到壮观的花架，也应在不失灵巧通透的前提下，与环境相协调的基础上，或以攀缘植物的枝、叶、花、果繁茂取胜，或以廊架的引伸漫长、棚架的开阔壮观来体现。花架的造型美往往表现在线条、轮廓、空间组合变化方面及选材和色彩的配合上。但是造型美的集中表现，应当是对植物优美姿态的衬托，以及反映环境的宁静安详或热烈等特定的气氛方面。因此花架的造型不必刻意求奇，否则反倒喧宾夺主，冲淡了花架的植物造景作用。但却可以在线条、轮廓或空间组合的某一方面有独到之处，不失其为一个优美的主景花架。

④ 园林中的配景花架受到各种条件的制约。

配景花架在功能上要满足休憩和观赏周围景色的要求，在艺术效果上要衬托主景，强调主景与环境的过渡。花架形式既要受环境条件的限制，又必须与主景相协调。在以水为主景的空间中，若以水面的辽阔平静取胜，那么花架的位置以临水为宜，它的色彩、线条、轮廓应当具有变化丰富的特点。倒影既可点缀水面，又可衬托出水面的辽阔与安静。若以瀑布喷泉、叠水为主景的动态水体，则花架就应当设置在观景最佳的角度及视距处。造型应当简洁，色彩比较淡雅，这种处理会使主景显得热烈而奔放。园林中以植物为主景时，花架的作用往往是以划分空间增加景深为主，色彩与线条要和绿色以及植物的形态形成鲜明的对比。以建筑为主景时，花架往往是建筑的延续作为强调建筑的某种符号来设置，所以其风格和色彩、形式都应当和建筑协调统一，但其以空透的架及优美的植物姿态来装饰建筑的作用就显得十分突出。

⑤要根据攀缘植物的特点、环境来构思花架的形体；根据攀缘植物的生物学特性，来确定花架的方位、体量、构造、材料、花池的位置及面积等，尽可能使植物得到良好的光照及通风条件。

目前应用园林中的蔓生花架植物不下于几十种，由于它们的生长速度、枝条长短、叶和花的色彩形状各不相同。因此，应用花架必须综合考虑所在地区的气候、地域立地条件、植物特性以及花架在园林中的功能作用等因素。避免出现有架无花或花架的体量和植物的生长能力不相适应，致使花不能布满全架以及花架面积不能满足植物生长需要等问题。一般情况下，一个花架配置一种攀缘植物，配置2～3种相互补充的也可以。各种攀缘植物的观赏价值和生长要求不尽相同，设计花架前要有所了解。

a. 紫藤花架：紫藤枝粗叶茂，老态龙钟，尤宜观赏。设计紫藤花架，要采用能负荷、永久性材料，显古朴、简练的造型。

b. 葡萄架：葡萄浆果有许多耐人深思的寓言、童话，可作为构思参考。种植葡萄，要求有充分的通风、光照条件，还要翻藤修剪，因此要考虑合理的种植间距。

c. 猕猴桃棚架：猕猴桃属有30余种为野生藤本果树，广泛生长于长江流域以南林中、灌丛、路边，枝叶左旋攀缘而上。设计此棚架之花架板，最好是双向的，或者在单向花架板上再放临时"石竹"，以适应猕猴桃只旋而无吸盘的特点。整体造型，纤细现代不如粗犷乡土为好。

对于茎干草质的攀缘植物，如葫芦、茑萝、牵牛等，往往要借助于牵绳而上，因此，种植池要近；在花架柱梁板之间也要有支撑、固定，方可爬满全棚。

二、花架、棚架绿化的结构

花架、棚架的一般构造形式如下。

1. 嵌入式棚架

跨于两墙之间构造，是最简单的棚架组合形式，在墙体和建筑物之间铺设横梁，形成类似露天亭台或者过道（图6.7）。

2. 顶置式棚架

支撑在两墙之间或者支撑在两墙顶上，这种花架的形式经常用来活跃一片呆板墙面的气氛，或对墙面某个出口或者特定的窗户做一特征性处理（图6.8）。

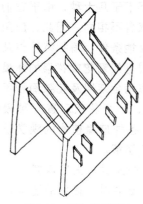

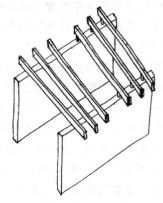

图6.7　嵌入式棚架　　　　　　　图6.8　顶置式棚架

3. 独立结构花架

这种花架由支柱和顶梁组成，其构造可以分为木质藤架和金属藤架。独立的木柱和梁组成的框架，可以采用标准的构件，对于小庭院或者园林空间比较宝贵的是有利的，其关键的构造是柱与地面的连接，由于木头的使用年限少，所以要采取一定的保护措施；独立金属组成的框架具有比木框架更高的强度，可以采用焊接方法将各种构件连接在一起。这种花架可以应用在城市园林中

图6.9　独立结构花架

的公共区域（图6.9，彩图6.9）。

三、花架、棚架的类型

棚架作为园林上常用的建筑类型，种类与造型多种多样，根据构成棚架的材料可以分为6种。

1. 竹木结构

由竹竿和各种木材搭建的最原始简便的棚架。搭建方法通常采用掉头或竹篾，再用绳索绑扎。这类棚架又有观赏型和经济型之分。它的造型亲切自然、古朴轻巧，且施工方便、造价低廉；缺点是经不起风吹日晒雨淋，而且极易受柱腐朽倒塌，使用年限不长。竹木结构花架包括仿木花架和实木花架两种，仿木花架具有色泽、纹理逼真，坚固耐用，免维护，防偷盗等优点，与自然生态环境搭配非常和谐，既能满足园林绿化设施或户外休闲用品的实用功能又美化了环境；实木花架采用的材质为纯天然木材（图6.10，彩图6.10）。

图 6.10 竹木结构花架

2. 绳索结构

藤本植物生长受季节性影响，且要依附于一定建筑物搭攀成型的活动式棚架。所以绳索材料有棉线、蜡线、铁丝、塑料绳、棕绳、麻绳、电线、链条等，配以几根竹竿或从窗或门的四周插入地下牵拉或结成网格状。这种棚架结构简单，灵活，可在一定的场地、空间内自由造型与制作；攀缘植物缠绕生长后，可遮挡夏日下晒，在生长期间可任意改变方向。

3. 钢筋混凝土结构

用钢筋混凝土预制件搭制的棚架。质地牢固耐用，做工精巧，造型多变，构件的外形断面除可模拟毛竹和动物造型等，也可定型浇制生产或按照具体建筑的配套要求进行构思。这是当前应用比较广泛的一种棚架结构形式（图6.11，彩图6.11）。

4. 砖石结构

以自然的块石、红石板、石柱和砖砾垒砌而成。这种结构自然粗犷，敦实耐用，给人以稳定感；但塑造费工费时，造型显得笨重。常见于公共绿地、山野及庙宇间（图6.12，彩图6.12）。

图6.11　钢筋混凝土结构　　　　　图6.12　砖石结构

5. 金属结构

用工业用角铁、扁铁、钢筋、白铁管等材料搭建成的棚架。这种棚架质地牢固，经久耐用，造型美观精巧，且占地面积小；但油漆保养要较之其他结构费工费时。常建于街头绿地、公园以及空间狭小的居民庭院内（图6.13，彩图6.13）。

6. 混合结构

这是一种用材不成规范的棚架。制作时棚架既可采用钢筋混凝土与竹木混杂建造，也可用钢筋混凝土与绳索等构件混杂建造。这种棚架取材方便，造型不拘一格。但由于用材不一致，质地、色泽上极易出现差异，使里面不易处理（图6.14，彩图6.14）。

四、花架、棚架绿化的造型

在城市园林建筑中，棚架的造型最为丰富，可以采用各种类型的花架、棚架。常见的花架、棚架造型有以下几种。

1. 几何式

运用简易几何形图案搭建，可分为规则和不规则两种类型。规则类型还可以分为各种类型，如三角形棚架、四角跳踞棚架、圆攒

图 6.13　金属结构　　　　　图 6.14　混合结构

尖顶棚架、六角攒尖棚铁架、八角攒尖棚架、长方形棚架、棱形棚架、正方形棚架等；另外也可以选用一些不规则的图案来设计花架造型（图 6.15，彩图 6.15）。

图 6.15　几何棚架

2. 半棚架式

主要采用半边列柱、半边墙垣的棚架形式。为避免棚架设计上的单调感，在沿墙一列可凿槽建花池、开设景窗，或把墙垣剔空做成各种造型的月洞门，使之封而不闭，设置可以在半棚架的横梁上再叠架小枋，让攀缘植物遮盖开敞的空间，达到遮荫的绿化效果（图 6.16，彩图 6.16）。

3. 阶梯式

其结构近似坡式棚架，但较注重艺术性和观赏价值，是一种利用路面、过道高低起伏之势搭建成阶梯状的空中棚架形式。常见于我国北方的高等院校和园林建筑中，特别是在一些地形有起伏的环境条件下，常常布置成这种形式。

4. 跳踞式

棚架的石枋或木横梁的一端镶嵌在屋檐下墙垣里的一种棚架形式。这种棚架结合建筑进行布置，使棚架的绿化与建筑的绿化美化相结合。这种棚架在应用时要注意建筑的遮光问题（图 6.17，彩图 6.17）。

图 6.16　半棚架式　　　　　　图 6.17　跳踞式

5. 跨越式

这是一种常用的棚架形式，其结构有点类似桥梁。一般用砖石、钢筋混凝土、竹木、金属等搭制，也有用几种材料混合搭制而成。可以在棚架下种上葡萄、丝瓜、扁豆、薯蓣等植物，既绿化了环境又获得一定的经济效益。或缠绕爬藤植物形成绿叶密织的阴棚，并配以紫藤等攀缘开花植物（图 6.18，彩图 6.18）。

图 6.18　跨越式　　　　　　图 6.19　单挑式

6. 单柱式

造型类似园林小亭，只要在地上一根石柱或铁杆，上面缀以小枋即可。为避免形式单调，小枋可做成伞形、蘑菇形、放射形、扇形、喇叭形和圆形，也可做成"T"字形或"V"字形（图6.20，彩图6.20）。

图6.20 单柱式

除以上介绍的诸种形式外还有单挑式（图6.19，彩图6.19）、平顶式、坡式、雨篷式、井字形、之字形和各种动物造型。棚架要根据不同的要求进行合理选择，也可以根据要求自己设计更合适的棚架类型。

第四节 花架、棚架绿化的维护与管理

一、棚架植物栽植及施工方法

（一）棚架植物的栽植技术

在植物材料选择、具体栽种等方面，棚架植物的栽植应当按下述方法处理。

（1）植物材料处理 用于棚架栽种的植物材料，若是藤本植物，如紫藤、常绿油麻藤等，最好选一根独藤长5米以上的；如果是如木香、蔷薇之类的攀缘类灌木，因其多为丛生状，要下决心剪掉多数的丛生枝条，只留1～2根最长的茎干，以集中养分供应，

使今后能够较快地生长，较快地使枝叶盖满棚架。

（2）种植槽、穴准备　在花架边栽植藤本植物或攀缘灌木，种植穴应当确定在花架柱子的外侧。穴深40～60厘米，直径40～80厘米，穴底应垫一层基肥并覆盖一层壤土，然后才栽种植物。不挖种植穴，而在花架边沿用砖砌槽填土，作为植物的种植槽，也是花架植物栽植的一种常见方式。种植槽净宽度在35～100厘米之间，深度不限，但槽顶与槽外地坪之间的高度应控制在30～70厘米为好。种植槽内所填的土壤，一定要是肥沃的栽培土。

（3）栽植　花架植物的具体栽种方法与一般树木基本相同。但是，在根部栽种施工完成之后，还要用竹竿搭在花架柱子旁，把植物的藤蔓牵引到花架顶上。若花架顶上的檩条比较稀疏，还应在檩条之间均匀地放一些竹竿，增加承托面积，以方便植物枝条生长，铺展开来。特别是对缠绕性的藤本植物如紫藤、金银花、常绿油麻藤等更需如此，不然以后新生的藤条相互缠绕一起，难以展开。

（4）养护管理

① 在藤蔓枝条生长过程中，要随时抹去花架顶面以下主藤茎上的新芽，剪掉其上萌生的新枝，促使藤条长得更长，藤端分枝更多。

② 对花架顶上藤枝分布不均匀的，要做人工牵引，使其排布均匀。

③ 以后，每年还要进行一定的修剪，剪掉病虫枝、衰老枝和枯枝。

（二）花架、棚架绿化的施工方法

花架、棚架绿化的施工方法，主要依照这些植物不同的攀缘方式，确立不同的施工方法。因大部分攀缘植物对土壤等条件的要求不十分严格，其栽植方法和其他树木的栽植方法没有大的区别。但攀缘植物类型不同，其攀缘方式不同，这就要求在施工时对引导向上生长的方法也不同。

1. 缠绕藤本

这类植物靠茎干本身螺旋状缠绕上升，如紫藤、金银花、五味子、猕猴桃、三叶木通等。此类攀缘植物在种植前要挖较大的栽植坑，埋入足量的腐殖质土，特别是栽植猕猴桃、紫藤时要注意这个问题。同时，需搭好支架和引导架，藤蔓才能沿着支架向上攀缘生长。

2. 攀缘藤本

此类植物借助于感应器官，如变态的叶、柄、卷须、枝条等攀着它物生长，如葡萄、常春油麻藤等。此类攀缘植物必须搭好攀缘架或引导架，才能向上生长。攀缘架依攀缘对象不同可以有不同的形式：如电杆，可用细铁丝和细钢筋绕电杆扎成圆柱状；如棚架，可以做成简易引导架，在引导植物到达棚架顶部后即可拆除引导架。

3. 钩刺藤本

这类植物靠钩刺附属器官帮助向上攀缘生长，如木香、藤本月季等。这类植物必须搭好攀缘架或引导架和引导绳，在种植后1～2年，要经常人为帮助缠绕向上生长。

4. 攀附藤本

这类植物茎上生长很多细小的不定根或吸盘，紧贴墙面或物体向上攀登生长，如薜荔、爬墙虎、凌霄等。此类植物不需要搭攀缘架或引导架，但在光滑的墙面上适当地搭引导架有助于向上攀登。在装饰有瓷砖的墙面上绿化，应在靠近墙脚处挖一约30厘米×30厘米的小坑或做成花箱，把植物栽种其中。特别提出的是，种植这类植物不要离墙壁太远，以免人们通过时踩坏。

根据攀缘植物不同种类、生长习性和形态特征，有意识地进行立架搭棚，可以很快地收到显著的绿化效果，再经过人工修剪，艺术造型，更能成为多种多样的绿色美景。

二、植物的管理与花架、棚架的维护

（一）植物的管理

在花架、棚架绿化中，为了长期保持良好的效果，需要定期对植物和花架、棚架本身进行维护和管理。

1. 植物的固定与牵引

在花架、棚架的绿化装饰中，植物在生长初期攀缘能力较弱，需要采取人工的措施帮助植物攀缘或者缠绕。

2. 植物的栽培养护

由于花架、棚架绿化所采用的都是藤本植物，这些植物对生长环境的适宜性都比较强，对环境条件要求不是很严格，所以绿化后的管理措施一般不需要很精细。但在现代园林中，花架、棚架一般设置在公共场所，周围的铺装比较多，由于路面反射等原因使环境温度较高，植物的生长环境包括水分和养分条件都较差，加之人们在花架、棚架下活动较多，这都会影响植物的生长，所以花架、棚架的绿化也需要一定的水肥管理，才能使植物获得较好的营养状况。

由于植物的生长是没有方向的，如果任其发展可能会影响整个花架、棚架的视觉效果和人们的使用功能，因此需要对植物进行定期修剪整形。

（二）花架、棚架的维护

花架、棚架一般位于室外，受到各种自然因素和人为因素的影响，花架、棚架容易被破坏，加上植物本身的生长，也会影响花架、棚架的整体效果。所以要对花架、棚架进行定期维护，注意保护花架、棚架的结构，检查油漆是否脱落。对结构不稳定的花架、棚架要采取措施固定，油漆脱落的要及时补刷，以免发生安全问题，影响视觉效果。

第五节 棚架绿化实例

1. 紫藤花架（图 6.21，彩图 6.21）

图 6.21 紫藤花架

依附物为花架、长廊等具有一定立体形式的土木水泥构件，利用紫藤进行立体绿化。紫藤茎干粗壮，冬季裸干势若苍龙，早春花如璎珞流苏，夏秋浓荫如亭亭华盖，且荚果悬垂，形成四季盛景。此种形式多应用于人口活动较多的场所，可供居民或游人休憩、谈心。

设计紫藤花架，要采用能负荷的永久性材料，显古朴、简练的造型。

2. 藤本月季花架（图6.22，彩图6.22）

藤本月季可靠墙或支架引导向上生长，春夏秋有大量的各色花朵开放，极为美丽。适应性较强，但要经常修剪和施肥，才能保持开花不断。

3. 葡萄棚架（图6.23，彩图6.23）

葡萄可通过支架引导向上生长，夏秋一串串葡萄果实是辛勤劳动的结晶。每年需修剪。

4. 木香棚架（图6.24，彩图6.24）

木香是很好的攀缘植物，其叶翠花繁，浓香四溢。栽培木香应设棚架或立架，初期因其无缠绕能力，应用适当牵引和绑扎，使其依附支架。栽植初期要控制基部萌发的新枝，促进主蔓生长，主蔓一般留3～4枝即可。主蔓过老时，要适当短截更新，促发新蔓。

5. 常春油麻藤棚架（图6.25，彩图6.25）

常春油麻藤有吸盘和附生根，四季常青，适应性极

图6.22 藤本月季花架

图6.23 葡萄棚架

图6.24 木香棚架

图 6.25 常春油麻藤棚架

图 6.26 凌霄棚架

强，生长量大。老年藤蔓有串串花朵开放，花大蝶形，深紫色，是棚架和垂直绿化的优良藤本植物，可用于大型棚架。可进行播种、扦插或压条繁殖。

6. 凌霄棚架（图 6.26，彩图 6.26）

凌霄枝条节部发生的气根攀缘其他物体向上生长，高达 20 米。树皮淡褐色，具条形纵裂，外皮常剥落，小枝紫褐色，木质松软。顶生圆锥形聚伞花序，花大色艳，顶端直径 7 厘米至 8 厘米，花红色至橘红色，花期 6 月至 9 月，10 月间果熟。通常扦插、压条、分株均可繁殖，而以扦插为主。

7. 猕猴桃棚架（图 6.27，彩图 6.27）

猕猴桃可通过支架引导向上生长，春季开花，夏秋季节果实累累，极为美观，有极高的观赏效果和经济价值。但每年需修剪，才能保持开花结果，是藤廊、拱门极好的绿化材料。

图 6.27 猕猴桃棚架

第七章
篱笆与栏杆绿化

　　篱笆与栅栏都是用来分隔空间的半透明景观设施，既可以围合空间，保障安全又不完全阻断内外的视觉联系，是私人庭院、居住小区、公路防护的必要设施。

　　篱笆，是用来保护院子的一种设施，一般都是由棍子、竹子、芦苇、灌木或者石头构成，在我国北方农村很常见。栅栏是用铁条、木条等做成的类似篱笆而较坚固的东西，主要用于公路、高速公路、公路旁边桥梁两侧的防护带作为护栏网使用，也可以用于机场、港口、码头的安全防护，市政建设中的公园、草坪、动物园、池湖、道路、住宅区的隔离与防护，宾馆、酒店、超市、娱乐场所的防护与装饰产品等。

　　篱笆与栅栏绿化是指攀缘植物借助于篱笆和栅栏的各种构件生长，用以划分空间地域的绿化形式。在庭院绿化中它除了能划隔道路和庭院并具有绿篱的功能外，其开放性和通透性的造型富有装饰性。近年来上海、杭州等城市提出破墙透绿（即沿路围墙全部改为通透式围墙）就包括了栅栏绿化的内容。篱笆与栅栏绿化可使用观叶、观花攀缘植物间植绿化，也可利用悬挂花卉种植槽、花球装饰点缀。随着城市园林事业的发展，栏杆和篱笆的绿化逐渐成为城市立体绿化的重要组成部分。

第一节 篱笆与栅栏的类型与形式

一、篱笆与栅栏的类型

根据使用材料的不同，篱笆与栅栏可以分为以下几种类型。

1. 竹木结构

用竹和木制作的竹篱笆、木栅栏。其材料来源丰富，加工方便，但也极易腐烂。竹木栅栏结构由栅栏板、横带板、栅栏柱三部分组成，一般高度在0.5～2米。竹篱笆与木栅栏的制作方法很简单，只要在竹片与竹片、木条与木条的连接处用绳索绑扎，或者用竹片削成的榫头把它们嵌合固定起来，同时注意地下的固定，以防人为或自然破坏而变形及倒覆。

竹篱笆与木栅栏的造型，可做成网格状，也可做成条形，还可根据特殊爱好做成各种动物和几何图案。当然，这首先要与绿地及建筑物的风格相吻合（图7.1、图7.2）。

图 7.1　竹结构

2. 金属结构

用钢筋、钢管制成的铁栅栏和用铁丝网搭制的篱笆。金属结构加工工艺简单，造型具有时代感，装饰性强且通透性好，但造价昂贵，经风吹雨淋后还会发生氧化反应变得斑斑锈蚀。因此，在铁栅栏、铁丝网篱笆表面必须刷上与周围环境相协调的彩色油漆能起到一定防腐蚀的作用（图7.3）。

图 7.2　木结构

图 7.3　金属结构

3. 钢筋混凝土结构

由塑性的钢筋混凝土制作而成，常见的水泥栅栏就是一例，它给人的印象是粗犷、浑厚、朴素（图7.4）。

4. 混合结构

由以上几种栅栏材料混合构成的篱笆或栅栏（图7.5）。

图 7.4　混凝土结构

图 7.5　混合结构

二、篱笆与栅栏的形式

栏杆和篱笆都是起到隔离作用的园林设施。根据它们的形式有所区分，不同的形式适应不同的用途与环境，下面根据其外形和与植物材料搭配时产生的效果，将其分为以下几类。

1. 网状栅栏

网状的栅栏多为铁质，成本低，而且易于隐藏在绿色的环境中，高速公路绿化常用这样的栅栏来隔离，网状的结构使其很容易被各种攀缘植物附着生长，并可完全隐藏于茂密的攀缘植物中，形成经典的绿色围墙（图7.6）。

2. 柱状栅栏

柱状栅栏形式简单，多用于小区围墙和私家庭院。等距排列，有的顶端有尖头金属防护，是常见的栅栏形式。常见的有木质、仿木、水泥等材料。此形式通透性好，但是不利于攀缘植物生长，可以适当配合种植，适宜半遮半露的方式，使栅栏的序列断断续续，有一定的韵律美（图7.7）。

图7.6　网状栅栏　　　　　　图7.7　柱状栅栏

3. 组合式栏杆

这种绿化形式是将花篮花盆镶嵌在栏杆上，种植草本花卉达到栏杆绿化的效果（图7.8，彩图7.8）。较之种植攀缘植物显得精致而又典雅，即使栏杆附近没有可利用的土壤也可以进行绿化。但是，这种方式多需额外补水，有的还要随季节更换时令花卉，养护费用较高。

4. 新的栅栏形式

起到隔离防护作用的设施已经不仅仅限于是栏杆或栅栏，水泥花池、种植池与栏杆结合的形式正逐步代替冰冷的铁质栅栏（图7.9、图7.10，彩图7.9、彩图7.10）。

图 7.8 镶嵌吊盆的组合式栏杆

图 7.9 北京马甸玫瑰园外围的种植池绿化

图 7.10 挡墙与栏杆结合的绿化形式

第二节 篱笆与栅栏的绿化设计

一、篱笆与栅栏的绿化形式

① 自然式。指对已缠绕栅栏的植物，不加以修剪而任其自然生长，以便显出其自然姿态及风趣。

② 规则式。就是将攀附在栏杆上的植物和栏杆加工成具有一定艺术性的几何形或动植物图形。它不仅造型生动，富有立体绿化效果，而且具有防护作用，只是管理繁琐。

二、篱笆与栅栏绿化的配置

植物的多样性以及栏杆形式的可变性，使栏杆绿化具有相当多的可能性，结合植物的生态习性、观赏特性和栏杆的特点，将营造这一立体空间的注意事项简述如下。

1. 立地条件

选择绿化植物，首先进行光照、水分、温度、土壤等的分析。凌霄、紫藤以及大多数一年生草本攀缘植物（丝瓜、茑萝、葫芦等）都喜光。可用于阳光充足的环境中；绿萝、常春藤、南五味子等，适于在林下和建筑物的阴面等处进行造景。在靠近道路与庭园边缘的地方，其土壤肥力较田园差，污染较多，加上行人有意无意地破坏等不利因素，无疑会对攀缘植物生长造成一定的影响。因此，在为篱笆与栅栏配置植物时要充分考虑这些因素。

此外还要考虑植物重量与支撑物的关系，植物的覆盖面积、可利用空间与种植密度的关系。在种植时正确估测植物的密度，关系到日后的整体景观效果。对于需要人工引导的攀缘植物，还要考虑到引导的方向性，以达到预期的效果。

2. 篱笆、栅栏用途与绿化配置

如果栏杆是作为透景之用，应是透空的，能够内外相望，种植攀缘植物时选择枝叶细小、观赏价值高的种类，如牵牛、茑萝、络石、铁线莲等，种植易稀疏，切忌因过密而封闭。如果栅栏起分隔空间或遮挡视线之用，则应选择枝叶茂密的木本种类，包括花朵繁茂、艳丽的种类，如凌霄、蔷薇、常春藤等，将栅栏完全遮蔽，形成绿墙或花墙。

3. 栅栏构建材料与配置

篱笆与栅栏由于构筑材料不同，其材料也各不相同，配置绿化植物时也相应有所不同。如钢筋混凝土结构的栅栏，造型一般较粗糙、笨重、色彩暗淡，配置的攀缘植物宜选择枝条粗壮、色彩斑斓的种类，如藤本月季、南蛇藤、猕猴桃、木香等；而铁栅栏、网眼铁篱笆由于所用的材料都比较细，表面光滑，以配置藤蔓纤细的牵牛花、茑萝、金银花、花叶蔓长春花等缠绕性藤本植物为宜，使植物与栅栏相协调。

4. 构建色彩与植物配置

植物依观赏特性分类，可分为观花、观果、观叶几类。藤本植物紫藤、凌霄、藤本月季等，草本蔓性花卉牵牛、茑萝、蔓性长春花等都具有鲜艳的色彩；五叶地锦为秋色叶植物（红色），常春藤则为春色叶植物（嫩绿）；山葡萄、南蛇藤、佛手瓜等的果子色彩鲜艳。还有的植物属于双色叶植物，如银边常春藤。

栅栏配置攀缘植物一定要根据构件的色彩来进行选择。原则上白色的栅栏能和任何植物相配，如白色的栏杆搭配深绿浅绿，有细腻的阴影变化，质朴而典雅（图7.11，彩图7.11）。而白花可配置红、黄色的栅栏。白色以外的其他颜色如茶色、红、黄等植物色彩应深于栅栏。若栅栏的色泽与造型别致，攀缘植物只是起点缀作用，那么选择植物时就要有反差，就是要配置一些色彩鲜艳的植物（图7.12，彩图7.12）。

图7.11　白色栏杆与绿色植物搭配形成的质朴的景观效果　　图7.12　开花植物与栏杆搭配形成热烈的商业氛围

5. 绿化层次与植物配置

为了丰富栏杆旁的景观效果，常常进行多层次绿化处理。前景中主要是低矮的绿篱植物，修剪成适当的形状，沿栏杆排列，或形成装饰的模纹。常用的灌木有金边黄杨、紫叶小檗、金叶女贞等。也有的不经过修剪，如沙地柏、平直荀子、迎春花、棣棠等。中景为一些分支点稍高，但株型较小的花灌木充当，如紫叶李、丁香、太平花、珍珠梅、碧桃、紫薇等。作为背景的花灌木形态更为高大，枝叶也更加茂密，如西府海棠、金银木等。在北方常常需要配有常绿植物作为背景，使冬季的栏杆也不会因为没有绿化而显得太过突兀。常用的常绿植物有杜松、侧柏、早园竹等（图7.13，彩图7.13）。

图 7.13　栅栏旁有层次的植物配置

第三节　栅栏绿化应用

一、交通防护绿化

1. 交通护栏的功能

城市交通护栏的主要功能有：

(1) 分隔功能　交通护栏将机动车、非机动车和行人交通分隔，将道路在断面上进行纵向分隔，使机动车、非机动车和行人分道行驶，提高了道路交通的安全性，改善了交通秩序。

(2) 阻拦功能　交通护栏将阻拦不良的交通行为，阻拦试图横穿马路的行人或自行车或机动车辆。它要求护栏有一定的高度，一定的密度（指竖栏），还要有一定的强度。

(3) 警示功能　通过安装要使护栏上的轮廓简洁明快，警示驾驶员要注意护栏的存在和注意行人和非机动车等，从而达到预防交通事故的发生。

(4) 美观功能　通过护栏的不同材质、不同的形式、不同的造型及不同的颜色，达到与道路环境的融洽和协调。

可见，城市交通护栏不仅仅是对道路的简单隔离，更关键的目的在于对人流、车流明示与传递城市交通信息，建立一种交通规则、维护交通秩序，使城市交通达到安全、快捷、有序、畅通、方便的效果。

2. 交通防护绿化

（1）城市道路中间隔离带绿化　目前城市道路区域的界定与隔离多采用金属栏杆的形式，这种简单的做法往往由于工业感太强而缺乏人情味。如果采用合理的绿化对栏杆进行装饰就可以在狭窄的地段起到绿化的效果，同时给人以亲切自然之感（图7.14，彩图7.14）。

(a) 藤本月季(1)　　　　　　　　(b) 藤本月季(2)

(c) 矮牵牛、凤仙花、孔雀草

图7.14　道路中心绿化装饰的栏杆

（2）过街天桥外侧隔离带绿化　为了过往人群的安全，过街天桥与外界之间需要设立隔离网，隔离网的合理绿化可以隔音、减噪、吸附灰尘、吸收 CO_2，是经济、生态、环保的重要措施（图7.15，彩图7.15）。

（3）立交桥护栏与外墙绿化　法规规定城市道路两侧应有一定宽度的绿化带，一方面起到隔离的作用，另一方面也为了缓解司机

图 7.15　过街天桥外侧隔离带绿化

图 7.16　立交桥护栏绿化

的疲劳，美化道路。但立交桥很难做到这一点，立交桥上的简单易行的绿化形式便是栏杆和外墙的立体绿化。这些地方往往土壤贫瘠，光照条件差，只适合适应性极强的耐阴耐寒耐贫瘠的植物种类。护栏上的吊盆也只适合耐旱、喜光、花期长的盆栽花卉（图 7.16，彩图 7.16）。

二、建筑用地外墙绿化

不相容的用地之间，往往需要隔离的屏障，但有时通透的象征性的界限要比全封闭的围墙更亲切并且也不失其限定和保卫的作用。居住小区、学校、幼儿园、公园等用地周围的栏杆绿化要求安全，尤其是幼儿园与学校，尽量少使用带刺的植物，以免误伤儿童，而有时这类的植物往往可以起到保卫的作用。同时要求攀缘植物起装饰的作用，不宜太密，栏杆内外搭配的植物也要间隔排列，使内外仍然通透。方便人们的观察活动，不会形成死角，保证安全（图 7.17，彩图 7.17）。

三、私人空间绿化

私人空间的栏杆因风格不同可以有很多景观主题，比如现代简约、欧式田园、乡村野趣等。植物材料也配合风格，不限于常用的

图 7.17　用地周围疏密有致的绿化种植

园林植物，蔬菜、药材乃至枯树都可以成为景观绿化的材料（图7.18、图7.19，彩图7.18、彩图7.19）。

图 7.18　私人庭院入口田园风格　　　　图 7.19　私人庭院入口简约风格
　　　　　栏杆绿化　　　　　　　　　　　　　　　栏杆绿化

第四节　篱笆与栅栏绿化的管理

　　由于篱笆植物一般为抗性强的攀缘植物，所以在植物生长期间的管理比较粗放，但是也要注意采取一些合适的管理措施，使植物正常生长。在栽植完成初期，由于植物生长势比较弱，还要加强管理，通过修剪等措施，促进植物的分枝，保持合理的树形以及延伸状态，从而发挥植物的立体绿化效益。

第八章
假山与枯树绿化

一、假山的绿化

（一）假山的概念

假山是指以造景游览为主要目的，充分结合各方面功能，以土和石等为材料，以自然山水为蓝本并加以艺术提炼和夸张，用人工再造的景物。假山石包括假山和置石两部分，假山置石源于自然，应反映自然山石、植被的状况，以加强自然情趣。假山可以用各种植物加以绿化。

（二）假山绿化

在假山的局部种植一些攀缘、匍匐、垂吊植物，能使山石生姿，给自然增趣，"山借树而为衣，树借山而为骨，树不可繁要见山之秀丽"（图 8.1，彩图 8.1）。藤本植物与山石的配置是我国传统园林中常用手法之一，悬崖峭壁上倒挂三五株老藤，柔条垂拂、坚柔相衬，使人更感到假山的崇高俊美。例如在北京颐和园仁寿殿前的假山上栽植着乌头叶蛇葡萄，缠绕整个山石，别有一番风味；苏州拙政园远香堂旁的水边石岸，布满爬山虎，每到夏季郁郁葱葱、生机勃勃（图8.2，彩图8.2），常熟燕园荷花池南侧湖石假山耸立，怪石嶙峋，状如群猴的"七十二石猴"假山上的爬山虎绿叶垂蔓，具有优美的视觉效果（图8.3，彩图8.3）。在现代园林中，也有不少优美的假山绿化景观，例如北京的龙潭公园，假山石上爬满爬山虎，夏季绿叶覆盖，秋季红叶似火；亚运村中心花园的自然水景区内，假山的垂直绿化增加了山石、瀑布的主景之美。

图8.1　假山绿化可以使山石生姿，给自然增趣

图8.2　拙政园远香堂旁的水边石岸，布满爬山虎，每到夏季郁郁葱葱、生机勃勃

图8.3　常熟燕园七十二石猴假山上的爬山虎

　　用于假山置石绿化美化的藤蔓植物主要是悬垂的蔓生类和吸附类。常见种类有金银花、常春藤（图8.4，彩图8.4）、爬山虎、络石和凌霄等。比如将西番莲栽植于假山、石景的下面，它就会沿着山石不断往上生长，为石景增添浓浓绿意。开花和结果时节，更是为山石锦上添花。

假山的绿化除了利用藤本植物以外，还可以参照岩石园进行植物选择（图8.5，彩图8.5），采用一些抗性强的高山植物，按照岩石园的布置方法布置植物，阴湿的山石环境中适宜的造景植物有天南星科的龟背竹、绿萝、蜈蚣藤、麒麟叶、薜荔、常春藤、爬山虎、络石以及小叶扶芳藤等。

图8.4　山石上的常春藤

图8.5　假山绿化还可以参照岩石园进行植物选择（罗汉松）

利用攀缘植物点缀假山，应当考虑植物与山石纹理、色彩的对比和统一。若主要表现山石的优美，可稀疏点缀茑萝、蔓长春花、小叶扶芳藤等枝叶细小的种类，让山石最优美的部分充分显露出来。如果假山之中设计有水景，在两侧配以常春藤、光叶子花和一些岩生植物，则可达到相得益彰的效果。若欲表现假山植被茂盛的状况，则可选择枝叶茂密的种类，如紫藤、凌霄、扶芳藤。

二、枯树的绿化

1. 枯树在园林中的地位

在园林中有许多枯树，影响着整个园林的风貌，但是它们的存在有着特殊的意义。如果不对这些枯树进行保护，将会因为自然的因素而很快破坏。

古树是历史的见证、是活的文物，蕴涵着丰富的文化内涵；古树苍劲古雅、姿态奇特，增加了园林景观的异质性。枯树，特别是年代久远的干枯古树，可以形成一种特殊的景观，其独特的姿态显示了历史的痕迹以及树木的沧桑变化；古树是研究自然史的重要资料，一些枯树记载了历史气候、气象的变化，对于研究历史自然变化规律具有重要的意义。

由于以上的一些原因，古树中的一些枯树具有其存在的价值和意义，不能够在园林绿化中清除，必须采取措施加以保护，利用垂直绿化的方法对其加以保护，可在增加绿化量的情况下保护一些有价值的古树。

2. 枯树绿化的方法

枯树绿化有两种方法。一种方法是用一些藤本植物缠绕其上，让枯树重新披上绿装。绿化时可以在枯树的周围栽植藤本植物，使其沿枯树的树干攀缘向上，形成枯木逢春的景观。比如崂山太清宫有一株汉代栽植的蜀柏，上面缠绕着如龙蛇状的凌霄，汉柏枝干挺直，树皮斑驳，中间的一些小枝干也已枯死，唯有顶端的柏叶仍绿意盎然，那凌霄的藤蔓借着这挺直枝干攀缘上升，在一树苍老中开出明艳的凌霄花。这一奇景被称为"汉柏凌霄"（图8.6，彩图8.6）。另外一种方法是在热带湿润的情况下或在室内的环境下，在枯树的上面栽植一些附生的植物，例如蕨类或者兰科的一些植物，让这些枯树绿起来，可增加枯树的景观美感，形成枯树绿化的一景。

图8.6 崂山太清宫内的"汉柏凌霄"

3. 植物的选择

由于枯树绿化中一般不采取牵引和固定措施，所以在植物的选择上要注意用一些攀缘能力强的藤本植物进行绿化，一般用缠绕类的藤本植物，最好是藤蔓比较细长的植物，否则会因为枯树的枝条抗机械拉力弱而折断，造成枯树的破坏。

应用于枯树绿化的植物材料有络石、紫花络石、爬山虎、金钩藤、大血藤、三叶木通、威灵仙、扶芳藤、常春油麻藤、小叶扶芳藤、胶东卫矛、凌霄、美国凌霄、菱叶常春藤等一些植物。

第九章
坡面、台地绿化

第一节 概　述

　　坡面是指表面倾斜的土体或岩体，也可称为边坡或斜坡。

　　坡面的形成原因可分为自然成因和人为成因两种。自然成因是指在自然界的各种地质构造运动、火山岩浆运动、侵蚀堆积运动等作用下所形成的地表倾斜，这种坡面叫自然坡面。人为成因是指在人类生活生产中所采取的各种工程措施（挖掘、搬运、填埋）的作用下所形成的地表倾斜，这种坡面叫人工坡面。

　　关于边坡的分类，国内外提出的方法很多，例如按边坡与工程关系可分为自然边坡和人工边坡；按边坡高度不同可分为超高边坡、高边坡、中边坡、低边坡；按边坡坡度不同可分为缓坡、陡坡、急坡、倒坡等。本书主要针对绿化工程进行讨论，因此只考虑经过人工处理可以进行种植活动的、坡度较小，能够满足灌溉要求和植物生长环境的坡面。

　　坡面绿化是指以环境保护和工程建设为目的，利用各种植物材料来保护具有一定落差的坡面绿化形式，即在边坡上营造人工植被，作为控制雨水侵蚀的途径和手段，是城市立体绿化的一个重要方面。坡面绿化包括绿化城市范围内的各种坡面，包括道路两旁的坡地、桥梁护坡以及台地、岩壁、河道两侧和各类绿地的退台等有一定落差的地域。这些坡面如果不加以保护，长期处于裸露状态，就会因为雨水冲刷或者其他形式的侵蚀而使土层崩落，出现泥石流等灾害性的后果。即使坚硬的岩石坡面，如果不以植物加以保护，雨水长期淋入石隙间，到了冬季裸露的岩石也会因为冻涨发生岩石崩落或者塌坡现象，造成一定的损失。

护坡绿化要注意色彩与高度适当，花期错开，有丰富的季相变化。因坡地的种类不同而要求不同。河、湖护坡一面临水、空间开阔、宜选择耐湿、抗风的植物。桥梁两侧坡地绿化应选择吸尘、防噪、抗污染的植物，而且要求不得影响行人及车辆安全，并且植物姿态优美。台地绿化应体现层次和色彩变化，植物选择较丰富。

第二节 道路两侧坡面绿化

随着我国经济的持久高速发展，我国的公路项目大量上马。根据交通部出台的《公路、水运交通发展三阶段战略目标（基础建设部分）》，2010 年全国公路总里程达 180 万公里，其中二级以上公路达 36 万公里；2020 年全国公路总里程将达 230 万公里，二级以上公路达 55 万公里；2040 年公路总里程将超过 300 万公里，高速公路总里程达 8 万公里。可见我国的公路建设任务非常繁重。我国有三分之二国土地处山区或丘陵地区，公路的大量建设，形成了和必将形成大量的边坡。边坡的开挖使地表植被遭到破坏，水土流失加剧；同时在坡度较大或构造不良的地方，还可能造成崩塌、滑坡等，给工农业生产和人民生活带来严重危害。

边坡生态防护即边坡植被，主要是靠植物根茎与土壤间的附着力以及根茎间的互相缠绕来达到加固边坡、提高坡表抗冲刷的能力。边坡绿化不仅可以涵养水源，减少水土流失，而且还可以净化空气，保护生态，美化环境，保证行车安全，具有良好的经济效益、社会效益和生态效益，在我国越来越重视环境保护和人们生存质量的今天，边坡绿化已成了公路边坡防护的一种趋势，代表着边坡防护的发展方向。

一、道路边坡植物的环境特点

（一）气候条件

光照、气温、湿度、降水、风等气候条件都影响着边坡植物的生长发育，但是在选择边坡植物时主要应考虑的气候因素是气温和降水。最高气温和最低气温决定着植物能否正常生长发育，能否顺利越夏、越冬等；降雨（雪）的时期及雨量也是决定采用植物种类的重要依据。

目前我国公路边坡坡度一般都较大。因此降水落于坡表后，极易由于重力的作用，沿坡面往下流失，造成坡体土壤缺水干旱，直接影响植物的正常生长发育，甚至导致植物的死亡，这一点在北方干旱地区的边坡上表现得尤为突出。

（二）土壤条件

土壤成分、肥力、土壤结构、酸碱性、盐碱性、土壤厚度等土壤因素与植物的生长发育密切相关，从而决定着边坡植物能否良好地生长。其中，在选择植物时比较重要的因素是土壤肥力状况、土壤结构和土壤 pH 值等。

公路在施工过程中，因开挖使地表植被完全遭到破坏，原有表土与植被之间的平衡关系失调，表土抗蚀能力减弱，在雨滴、重力和风蚀作用下水土极易流失，植物种子定植困难；公路边坡土壤一般为没有熟化的生土，养分含量一般很低。同时由于坡度大，土壤渗透性差等原因，边坡土壤对降水截流较小，造成水土和养分流失，使坡面土壤变得贫瘠，立地条件差，不利于植物生长；另外，公路边坡土壤有机质含量一般很少，结构不良，经过一定时期的沉降作用后，容重增加，孔隙度降低，不利于土壤中水分和空气的有效运移以及肥料的协调转移，从而对草坪植物正常生长产生不利影响。

二、道路边坡植物选择与植物配置

道路边坡植被的主要目的是固土护坡，防止公路边坡损毁，稳定公路路基，以及美化公路沿线景观环境。因此，要求边坡植物根系深，能快速覆盖地表。

1. 公路边坡植物应具备的条件

根据道路边坡的特点和边坡种植的目的，边坡生态防护的植物一般应满足以下要求：

① 适应当地气候，抗旱性强；

② 根系发达、扩展性强；

③ 耐瘠薄、耐粗放管理；

④ 种子丰富，发芽力强，容易更新；

⑤ 绿期长，多年生；

⑥ 育苗容易并能大量繁殖；

⑦ 播种栽植的时期较长。

2. 护坡植物的选择

(1) 不同种类护坡植物比较 道路边坡可用的植物种类较多，主要有草本植物、灌木、藤本植物，以及乔木等。目前我国的公路边坡一般坡度较大，坡比一般为 1:1，即 45°，有的甚至达到 60°以上，栽植乔木会提高坡面负载，增加土体下滑力和正滑力，在有风的情况下，树木把风力转变为地面的推力，造成坡面的不稳定和坡面的破坏，同时，边坡栽植乔木还可能影响司乘人员观测公路两侧景观的视野，因此一般不宜在公路边坡栽植乔木。

目前，我国道路边坡生态防护用植物在多数情况下是采用草本植物，在国外草本植物也仍被广泛使用。草本植物的优点在于：①草本植物种植不仅方法简便，而且费用低廉；②早期生长快，对防止初期的土壤侵蚀效果较好；③作为生态系统恢复的起点，有利于初期表土层的形成。但是，草本植物与灌木相比具有以下缺点：①草本植物具有根系较浅，抗拉强度较小，固坡护坡效果较差。在持续的雨季里，高陡边坡有的会出现草皮层和基层剥落现象；②群落易发生衰退，且衰退后二次植被困难；③开发利用的痕迹长期难以改变，与自然景观不协调，改善周围环境的功能差等；④坡地生态系统恢复的进程难以持续进行，易成为藤木植物滋生的温床；⑤需要采取持续性的管理措施等，维护和管理作业量大。因此，单纯的草本植物用于公路边坡的绿化并不理想。

由于草本植物作为护坡植物的缺点，因此在某些发达国家已开始重视灌木的护坡作用，并作了大量研究。灌木作为护坡植物主要的缺点是成本较高；早期生长慢，植被覆盖度低，对早期的土壤侵蚀防止效果不佳。但是可以通过与草本植物混播，草本植物早期迅速覆盖地面防止土壤侵蚀，后期由灌木发挥作用的方式解决。

藤本植物主要应用于坚硬岩石边坡或土石混合边坡的垂直绿化，垂直绿化是公路边坡生态防护的特殊形式。用藤本植物进行垂直绿化的好处是投资少，用地少，美化效果好，缺点是由于边坡一般较长，藤本植物完全覆盖坡面的时间长。

（2）草本植物的选择　可用于护坡的草本植物大部分属于禾本科和豆科。禾本科植物一般生长较快，根量大，护坡效果好，但需肥较多。而豆科植物苗期生长较慢，但由于可以固氮，故较耐瘠薄，耐粗放管理。其花色较鲜艳，开花期景观效果较好。根据各草种对季节性温度变化的适应性，可分为暖季型与冷季型两类。冷季型草比较耐寒，但耐热性和耐旱性较差。而暖季型草较耐热，耐旱，但不耐寒，以地下茎或匍匐茎过冬，故冬季景观效果较差，但其管理较冷季型草粗放。草本植物的种植大都采用混播的方式（图9.1，彩图9.1）。我国各大地区主要可用的护坡草坪植物见表9.1。

图9.1　高羊茅、狗牙根、紫花苜蓿混播的场景

（3）灌木的选择　我国的边坡坡度一般为45°，有的甚至达到60°以上，单纯用草本植物，虽然覆盖度大、美观，初期植被均匀整齐，但防护效果不太理想，随着实践经验的提

表 9.1　我国各大地区主要可用的护坡草坪植物表

地区	冷季型草坪植物	暖季型草坪植物
华北	野牛草、紫羊茅、羊茅、苇状羊茅、林地草熟禾、草地草熟禾、加拿大草熟禾、草熟禾、小糠草、匍茎翦股颖、白颖苔草、异穗苔草、小冠花、白三叶	结缕草
东北	野牛草、紫羊茅、林地草熟禾、草地草熟禾、加拿大草熟禾、匍茎翦股颖、白颖苔草、异穗苔草、小冠花、白三叶	结缕草
西北	野牛草、紫羊茅、羊茅、苇状羊茅、林地草熟禾、草地草熟禾、加拿大草熟禾、草熟禾、小糠草、匍茎翦股颖、白颖苔草、异穗苔草、小冠花、白三叶	结缕草、狗牙根(温暖处)
西南	羊茅、苇状羊茅、紫羊茅、草地草熟禾、加拿大草熟禾、草熟禾、小康草、多年生黑麦草、小冠花、白三叶	狗牙根、假俭草、结缕草、沟叶结缕草、百喜草
华东	紫羊茅、草地草熟禾、草熟禾、小糠草、匍茎翦股颖、紫花苜蓿	狗牙根、假俭草、结缕草、细叶结缕草、中华结缕草、马尼拉草、百喜草
华中	羊茅、紫羊茅、草地草熟禾、草熟禾、小糠草、匍茎翦股颖、小冠花	狗牙根、假俭草、结缕草、细叶结缕草、马尼拉结缕草、百喜草
华南		狗牙根、地毯草、假俭草、结缕草、细叶结缕草、马尼拉结缕草、中华结缕草、百喜草

资料来源：张华君. 公路边坡生态防护的植物选择. 公路环境保护，2003，（专刊）：37-38.

高，人们逐渐认识到灌木绿化所具有的优势。单一的灌木群落也易产生表土侵蚀，对初期的水土保持不利。因此，在边坡防护过程中，应灌木和草本植物相互搭配，可起到快速持久的护坡效果，有利于生态系统的正向演替。

我国目前在边坡生态防护中使用的灌木较少，目前已使用的灌木主要有紫穗槐、柠条、沙棘、胡枝子、红柳和坡柳等。我国各地区主要可供选用的护坡灌木见表9.2。

表9.2 我国各地区主要可供选用的护坡灌木表

地 区	灌木树种
东北区	胡枝子、沙棘、兴安刺玫、黄刺玫、刺五加、毛榛、榛子、树锦鸡儿、小叶锦鸡儿、柠条锦鸡儿、紫穗槐、杨柴
三北区	杨柴、锦鸡儿、柠条、花棒、踏朗、梭梭、白梭梭、蒙古沙拐枣、毛条、沙柳、紫穗槐
黄河区	绣线菊、虎榛子、黄蔷薇、柄扁桃、沙棘、胡枝子、胡颓子、多花木兰、白刺花、山楂、柠条、荆条、黄栌、六道木、金露梅
北方区	黄荆、胡枝子、酸枣、柽柳、杞柳、绣线菊、照山白、胡枝子、荆条、金露梅、杜鹃、高山柳、紫穗槐
长江区	三棵针、狼牙齿、小檗、绢毛蔷薇、报春、爬柳、密枝杜鹃、山胡椒、山苍子、紫穗槐、马桑、乌药
南方区	爬柳、密枝杜鹃、紫穗槐、胡枝子、夹竹桃、孛孛栎、木包树、茅栗、化香、白檀、海棠、野山楂、冬青、红果钓樟、水马桑、蔷薇
热带区	蛇藤、米碎叶、龙须藤、小果南竹、紫穗槐、桤木、杜鹃

资料来源：张华君. 公路边坡生态防护的植物选择. 公路环境保护，2003，（专刊）：37-38.

灌木的种植可以采用扦插的方式，也可采用播种的方式。灌木宜和草本植物混合种植，以充分发挥两者的优势，又避免两者的弊端，达到快速持久护坡的效果，同时具有良好的景观效果（图9.2、图9.3，彩图9.2、彩图9.3）。

图9.2 马棘、紫花苜蓿、白三叶高羊茅草灌结合混播的场景（杭州及周边地区）

图9.3 弯叶画眉草、马棘、截叶胡枝子草灌结合混播的情景（杭州及周边地区）

（4）藤本植物的选择 藤本植物宜栽植在靠山一侧裸露岩石下一般不易坍方或滑坡的地段，或者坡度较缓的土石边坡。可用于道路边坡立体绿化的藤本植物主要包括爬山虎、五叶地锦、蛇葡萄、三裂叶蛇葡萄、藤叶蛇葡萄、东北蛇葡萄、地锦、葛藤、扶芳藤、常春藤和中华常春藤等。

藤本植物主要采用扦插的方式进行繁殖。

（5）花卉、地被植物的选择　可用于道路边坡立体绿化的花卉、地被植物主要包括金鸡菊、波斯菊、硫华菊、蛇目菊、花菱草、二月兰、紫茉莉、蓝香芥等（图9.4～图9.7，彩图9.4～彩图9.7）。

图9.4　大花金鸡菊在边坡
绿化中的应用

图9.5　混色波斯菊在边坡
绿化中的应用

图9.6　蛇目菊在边坡绿化中的应用

图9.7　二月兰在边坡绿化中的应用

三、坡面、台地建植技术与排水设计

（一）建植技术

1. 人工播种

人工播种是边坡植物防护的一种传统方法，即通过人工的方式将植物种子直接播撒在坡面上，以达到恢复植被、保护坡面的目的。

人工将种子播撒后，种子直接与边坡表层的土壤相接触，当土壤的温度和水分条件适宜时，种子就可以在土壤中发芽并生根发育，最终在坡面形成植被群落。根据播种方式的不同，人工播种可以分为撒播、条播、穴播。这种方法施工简单方便，不需要更多的机械设备或辅助材料。可以根据坡面植物群落设计和种子特征，随时调整播种方式或播种深度。这种方法也是国内外边坡植被建植的常用技术。

2. 草皮移植

草皮移植是指将已经成坪的草皮块或草皮卷直接铺设到平整好的坡面上，是一种坡面植被快速恢复和成型的方法。裸露着的坡面，缺乏土粒间的黏结性能，若任凭植物自然生长就很慢。植草就是人为地、强制性地一次栽种植物群落，以使坡面迅速覆盖上植物。

草皮移植分为两种方法：草皮块移植、草皮卷移植。

(1) 草皮块移植　具有匍匐茎的草皮，由于草本的匍匐茎容易伸展并能较快覆盖坡面，因此其规格可以小一些，例如 10 厘米×10 厘米，可以呈分散状移植；没有匍匐茎的草皮，其规格要大一些，例如 30 厘米×30 厘米，要一块接一块地铺满整个坡面（草皮块之间的间隙为 0.5～1 厘米）。

(2) 草皮卷移植　草皮卷的规格可以根据坡面特征调整，容易施工的缓坡，草皮卷规格可以为 1.2 米×(5～10)米；不容易施工的陡坡，草皮卷规格可以为 0.4 米×1 米。

3. 苗木移植

为了使坡面和周围成为整体，最好在坡面上也种植树木。如果从一开头就是混播树籽和草籽，对草的生长株数不加以限制，则发芽和生长缓慢的树木，就会受其压抑而不能成长。如果把草的株数减少到树木能够成长的程度，则很难充分保护坡面。因此，还不能使用树籽和草籽混播的方法。

在坡面上植树，并在不使坡面滑坍的程度内，在树根的周围挖坡度平滑的蓄水沟。自然播种生长起来的树，因为根扎很深，即使在很陡的坡面上也很少发生被风吹倒的现象。而直接栽植的高树，因为在树坑附近根系扎得不太深，所以比较容易被风吹倒，为了防止这种现象，必须设置支柱，充分配备坡度平缓的蓄水沟。

4. 液压喷播

液压喷播是通过泵式液体喷射机（液压喷播机）将含有草种、水、肥料、有机纤维、黏合剂、保水剂、染色剂等的液态混合物喷射到坡面上的一种机械建植技术，主要适用于坡度较缓（以30°以下为宜）的土质边坡（自然边坡或填方边坡），具有速度快、成本低、省工时的特点，可以达到快速建植的效果（图9.8，彩图9.8）。

图9.8　液压喷播

传统的绿化工程是以人工播种、移植等为主的，但人工播种不仅工作效率低，而且种子容易受降雨侵蚀而流失。液压喷播是一种以水为载体的种子喷射播种方法，其喷射物是混合浆液，由于其中加入了纤维物、粒状物、粉状物等，混合浆液具有一定的黏稠度和固体含量，从而使密度小的种子不再漂浮，这是利用高浓度混合浆液中固体颗粒相互影响的干涉沉降现象，获取悬浮浆液以达到全过程均匀喷送种子和辅料的目的。

液压喷播绿化的施工工艺有三种形式，分别为挂三维植被网施工、直接喷播施工、喷浆喷播施工。

（1）挂三维植被网施工工艺

① 坡面处理：清理杂草，松土，平整坡面，坡比达到设计的要求，确保三维植被网与坡面紧密结合，防止"空鼓"。

② 铺设三维植被网：在填方边坡，三维植被网在坡顶须延伸50～80厘米，并埋入路缘的土中，坡顶的三维网埋置固定好后，则自上而下进行铺设，前后两片网之间紧密相连，搭接宽度不小于10厘米。锚钉固定时，坡顶用U形钢钉，按1米左右间距将网固牢，网

与坡面间用竹钉锚固，保持网与坡面连接紧密，避免出现空网包。

③ 回填土：采用干土覆盖法或灌浆覆盖法两种方法施工。干土覆盖法是直接将肥料、土壤稳固剂、种植土混合均匀后覆盖在三维网上，将网包完全盖住，再浇水使土体与坡面紧密结合。灌浆覆盖法，是将肥料、土壤稳固剂、种植土等用水搅拌均匀后，自上而下覆盖在三维网上，直至将网包完全盖住，不形成空网包。

④ 液压喷播机喷种：将草籽和促使其生长的黏合剂、木纤维、肥料、生长素、保水剂、中和液及水等按一定比例混合搅拌，形成均匀混合液，然后通过液压喷播机将混合液直接均匀喷洒于坡面上。在制作混合液时，向其中加入适量的绿色素成分，既可以使得边坡面上呈现出一片嫩绿色，又便于有效地看到坡播的均匀性。

⑤ 覆盖：喷播完成后，在边坡表面覆盖无纺布，以保持坡面水分，减少降雨对种子的冲刷，促使种子生长。无纺布的铺设，自上而下，坡顶与坡底各留 30 厘米，用土压实。相邻两幅无纺布竖向重叠 10 厘米，并用竹钉固定。

⑥ 养护管理至成坪：a. 覆盖完无纺布后，及时洒水养护。前期由于喷播混合液中的水分及保水剂的掺入，不需过多洒水，以雾状保持覆盖物湿润为宜，过多的洒水可能使得尚未出苗的种子流失，当出苗时，适当加大洒水量，早晚各 1 次。当草苗长至 15 厘米以上时，揭开无纺布的覆盖，进入自然养护阶段。b. 追施化肥。为满足植被对营养成分的需要，草坪长至 10 厘米时，向草坪追加氮、磷、钾肥，追肥量为喷播时的 1/3，以维持苗草正常生长。c. 防治病虫害。随时观察草坪生长过程中有无病虫害，一经发现，需及时喷洒有针对性的农药。d. 防除杂草。杂草主要与主宰草争光、争水、争肥，而且有碍草坪的景观。喷播前使用地散灵、恶灵草等。可灭除杂草种子的发芽，对已经高出主草丛的杂草，采用人工拔除。

(2) 直接喷播施工工序

① 表土处理：细平整坡面，清除坡面上的石灰块颗粒、树根等不利于喷播植草的杂物，将边坡修整成有一定坡度的斜面。

② 液压喷播机喷播：采用专门的液压喷播机械，将草种、黏

合剂、木纤维、肥料、生长素、保水剂、中和液及水等按一定比例混合均匀，喷洒在坡面上。

③ 盖无纺布：喷播植草施工完成之后，在边坡表面覆盖无纺布，以保持坡面水分并减少降雨对种子的冲刷，促使种子生长，当幼苗长至10厘米左右时，揭开覆盖物，注意此时不要破坏边坡。

④ 养护管理至成坪：这期间，主要是浇水、施肥、喷洒杀菌和杀虫剂。夏季洒水宜安排在早上或傍晚温度较低的时候，施肥的量可用到施工期间用量的1/3。

（3）喷浆喷播施工工序

① 细平整坡面，清除坡面上的石头、树根等不利于喷播的杂物。

② 使用喷浆专用机械将已过筛客土、有机质、土壤稳固剂、肥料、中和液、保水剂、水泥等以一定比例混合搅拌均匀，按所需厚度喷涂在边坡表面。

③ 液压喷播机喷播，采用专门的液压喷播机械，将草种、黏合剂、木纤维、肥料、生长素、保水剂、中和液及水等按一定比例混合均匀，喷洒在坡面上。

④ 覆盖无纺布：喷播植草施工完成之后，在边坡表面覆盖无纺布，并以竹签固定，以保持坡面水分并减少降雨对种子的冲刷流失，促使种子生长。当幼苗长至10厘米左右时，揭开覆盖物。

⑤ 养护管理至成坪：这期间，主要是浇水、施肥、喷洒杀菌和杀虫剂。夏季洒水宜安排在早上或傍晚温度较低的时候。

5. 客土喷播

客土喷播是使用喷射机械将种子、土壤、土壤改良剂、肥料、黏合剂、保水剂等泥状混合物喷射到坡面上的一种机械建植技术，主要适用于坡度中等（以30°～50°为宜）的土质边坡和石质土边坡，具有土壤改良与种子撒播一次性完成的特点，可以构建乔灌草混合的植物群落，使坡面防护与植物恢复有机结合起来（图9.9，彩图9.9）。

6. 有机质喷播

有机质喷播是使用灰浆喷射机，通过高压空气将种子、有机质、土壤改良剂、肥料、黏合剂、保水剂等灰料混合物喷射到坡面上的一种机械建植技术，主要适用于坡度小于60°的各类边坡（土

图 9.9　客土喷播

质边坡、石质土边坡、岩石边坡)。

（二）排水设计

坡面排水设计不能忽视，地表水和地下水是造成人工坡面及其表面客土层坍塌的主要原因之一，坡面排水设计对于保证坡面植被恢复工程质量十分重要。坡面排水主要包括三方面：一是排除地表水，二是排除地下水，三是排除渗透水。排除地表水是指修建排水沟拦截地表径流，使大气降水所产生的径流不能对坡面产生冲刷侵蚀，保证坡面土壤层的稳定和安全。排除地下水是指修建排水管等排出坡面涌水。排除渗透水是指设置排水暗管或排水网垫（也称塑料盲沟），排出坡面土壤中多余的水分，保证坡面土壤层的稳定和安全。

四、养护管理

作为边坡保护工程的坡面绿化，应该不需要进行保护和管理就能建成目的植物群落，但是不同的边坡要求不同，条件差的边坡，仅仅依靠实施绿化播种后就能达到其绿化目的是比较困难的，必须通过保护和管理。许多的边坡必须采取一定的管理措施，才能逐渐达到设计的要求，发挥绿化所带来的生态方面的作用。以下是常用的三个管理措施。

养护管理包括两方面内容：养护指根据不同园林植物的生长需要和某些特定的要求，及时对树木采取施肥、灌水、中耕除草、修剪、防止病虫害等技术措施；另一方面是管护，指看管围护、清扫保洁等管理工作。

坡面绿化施工后，应该根据绿地位置、物种情况及时养护，加强管理。

（1）加强喷水保湿　由于坡面所处的环境条件比较恶劣，坡面的保水性能比较差，需配备专用水车，播植后1月内晴天每天均需喷淋1次，保持地面湿润，一个月后每3～5天喷水一次保湿。

（2）施用肥料、激素　在补植后对地被物喷施2次生长调节剂促进生长和抗旱力。栽植时要每月喷施1次200倍复合肥液。栽植后每年在4～5月生长季进行1次追肥，追肥应该连续增加，只有这样，植物才能常年繁茂，逐渐蓄积腐殖质。追肥和从土壤以及雨水中获取的养分相结合，植物才能长期在坡面上正常生长。

（3）管理措施　从植物发芽到幼苗生长发育期间，人为的践踏会造成生长发育停滞，甚至死亡。栽植后坡面绿化应该不断完善，专人、分段承包管护，做到每路段有专人巡逻看守，防止人畜践踏。

第三节　河岸坡面绿化

河岸作为河流生态系统的重要组成部分，是河流生态系统与陆地生态系统之间的过渡区，在调节气候、保持水土、防洪方面具有重要的功能，其本身也是一个生态系统。城市河岸保护不仅要从结构稳定的角度来考虑，同时也应该从生态系统的角度来考虑，考虑工程对岸坡种群、食物链等生态因子的影响，考虑其能否保持生态种群的动态平衡，能否保持河岸生态系统的可持续性，能否保持景观协调性，即生态护岸在保护岸坡结构稳定的同时，还要保护生态的动态稳定。

一、城市河岸的绿化环境

滨水区域是陆地与河水交界的地方，这个区域的范围不是固定的，一些季节性的河流在这个区域是有所改变的。大多为水所淹没，只有一些水生植物可以在其中生存，河道的水流条件、底土、光照和养分的可获得性都会影响到该区植物的存活能力。因此该区域的绿化，要根据河道水位的变化规律综合考虑，形成长期的效果。在这一区域，影响植物生长种类的主要因素是与植物有关的水位状况，因此在进行绿化布置的时候，主要是采用水生植物。

岸边高地区域位于河岸以上，属于河道的边缘，一般是河流的大堤。由于离水较远，所以土壤的条件较河岸要好，其中可供选择的植物材料较多，该地区绿化的主要作用在于护堤、防浪、防洪。在城市中，该区域是城市建设的重要区域，是城市河道景观设计中人们得以亲水的区域，不能全部用绿化来装饰，需要根据城市建设的总体要求，创造一种滨水的环境景观。

二、河岸坡面绿化技术

河岸坡面绿化技术主要包括以下几种方式。

（一）植草护坡技术

植草护坡技术常用于河道岸坡及道路路坡的保护，国内很多河道治理及道路建设中都使用了这一技术，这一技术主要是利用植物地上部分形成堤防迎水坡面软覆盖，减少坡面的裸露面积和外营力与坡面土壤的直接接触面积，起消能护坡作用；利用植物根系与坡面土壤的结合，改善土壤结构，增加坡面表层土壤团粒体，提高坡面表层的抗剪强度，有效地提高了迎水坡面的抗蚀性，减少坡面土壤流失，从而保护岸坡。

（二）三维植被网护岸技术

三维植被网技术原先多用于山坡及高速公路路坡的保护，现在也开始被用于河道岸坡的防护。它是主要利用活性植物并结合土工合成材料，在坡面构建一个具有自身生长能力的防护系统，通过植物的生长对边坡进行加固的技术。根据岸坡地形地貌、土质和区域气候等特点，在岸坡表面覆盖一层土工合成材料并按一定的组合与间距种植多种植物，通过植物的生长达到根系加筋、茎叶防冲蚀的目的，可在坡面形成茂密的植被覆盖，在表土层形成盘根错节的根系，有效抑制暴雨径流对边坡的侵蚀，增加土体的抗剪强度，减小孔隙水压力和土体自重力，从而大幅度提高岸坡的稳定性和抗冲刷能力。土工网对减少岸坡土壤的水分蒸发，增加入渗量有较好的作用。同时，由于土工网材料为黑色的聚乙烯，具有吸热保温的作用，可促进种子发芽，有利于植物生长。

（三）扦插—抛石联合技术护岸

扦插—抛石联合措施就是在抛石施工的基础上，截取植物的枝条随即扦插入抛石空隙之中的一种土壤生物工程方法。扦插—抛石联合措施是由扦插和抛石两部分构成的，在抛石护岸中铺放交错的平砌石块可以对下层土质、沙质等易侵蚀河岸起到一定的保护作用。因土堤自身要满足稳定的要求，岸坡不宜过陡，坡度也应在1.5∶1以下。在抛石与岸坡的土壤之间也应铺设一层碎石级配料加以隔离，在施工设计时还需要考虑抛石的大小和铺设的厚度等。当抛石设置完工后，便可进行植物枝条扦插施工，其所选枝条长度一般要超过抛石层的厚度。在坡面上枝条可以采取随机配置的方式，以"大头朝下，小头朝上"的方法插入抛石之间的缝隙中。枝条的设置应尽量垂直于坡面，枝条前端露出抛石表面3～5厘米即可，同时在施工前对露出的枝条部分进行削平、加水浸泡枝条、除去柳桩旁侧的枝条、保证树皮的完整性及桩底削尖以便易于插入土层，以增加成活率。

扦插—抛石联合措施可以防止水流对岸坡的腐蚀，加强抛石坡面的稳定性，减少水土流失；可降低河岸附近水流的流速；护岸植物可以有效防止太阳辐射，从而对水温起到一定的降温作用；通过植物的覆盖作用可以为河流生物提供良好的栖息环境；植物还可起到净化水质的作用（图9.10，彩图9.10）。

图9.10 扦插—抛石联合技术护岸

（四）直立式生态护岸

直立式生态护岸较适用于老城区的河道，在许多城市河道整治的过程中，面临着许多问题，比如河道狭窄、河道两岸建筑密集、拓宽河道有限，并涉及高额的拆迁费用；还有的河道位于历史古镇，为保护古镇原貌，需利用现有老墙等问题。下面的直立式生态护岸结构方案较适用于老城区河道护岸：

(1) 绿化混凝土挡墙结构墙体　是采用箱式绿化混凝土预制块叠砌而成的挡墙，箱式绿化混凝土预制块是由混凝土应力框、无砂混凝土、反滤隔层组成。墙后采用双向土工格栅加筋土回填，结构比较稳定，水位降落比较安全，对那些城区拓宽受到限制的河道起到了增加河道过水断面积，同时提高河道蓄洪除涝能力。另外，结构耐冲刷能力较强，透水性好，有利于植被生长和水体交换，耐腐蚀性强，能有效改善河道水质；结构施工相对方便，工程造价低。

(2) 浆砌石重力式老挡墙绿化改造护岸结构　是将原挡墙视为基质层，采用绿化混凝土作为母质层，采用适当的园林技术培育植被层。这种结构对原墙壁不造成破坏，不影响耐久性，构建生态系统的基本功能，修复后的挡墙自然、美观，使老挡墙同时具备防洪安全功能和生态景观功能。

(3) 绿化混凝土贴面浆砌石重力式挡墙护岸结构　挡墙主体为浆砌石结构，在墙的迎水面设一定厚度的绿化混凝土贴面，贴面选用一定强度和抗压强度的无砂混凝土碎石或卵石，有效孔径满足植物根系生长和小型鱼类隐蔽和栖息，具有很好的保土、附土、滞土能力，能适应植物生长。

（五）自嵌式植生挡土墙（鱼巢砖）护岸

图9.11　自嵌式植生挡土块实物图

自嵌式植生挡土墙通常是由自嵌式植生挡土块、塑胶棒、滤水填料、加筋材料和土体组成（图9.11、图9.12、图9.13，彩图9.13）。该技术主要是依靠自嵌式挡土块块体自重来抵抗动静

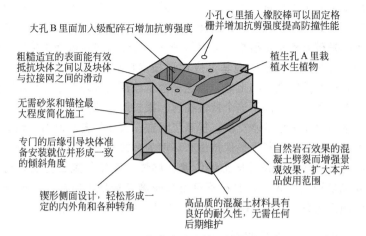

小孔 C 里插入橡胶棒可以固定格栅并增加抗剪强度提高防撞性能

大孔 B 里面加入级配碎石增加抗剪强度

粗糙适宜的表面能有效抵抗块体之间以及块体与拉接网之间的滑动

植生孔 A 里栽植水生植物

无需砂浆和锚栓最大程度简化施工

专门的后缘引导块体准备安装就位并形成一致的倾斜角度

自然岩石效果的混凝土劈裂而增强景观效果，扩大本产品使用范围

锲形侧面设计，轻松形成一定的内外角和各种转角

高品质的混凝土材料具有良好的耐久性，无需任何后期维护

图 9.12　自嵌式植生挡土块构造图

图 9.13　自嵌式植生挡土墙应用

荷载，达到稳定的作用，此结构无需砂浆混凝土施工，依靠带有凸缘的块与块之间嵌锁作用和自身重量来防止滑动倾覆。自嵌式植生挡土块也可水平分层布置拉接网片构成加筋挡土墙，土体中的拉接网片使块体挡土墙与土体成为一个整体，从而加大了墙身宽度和重量。这样砌块和加筋土共同作用相当于重力式挡土墙抵抗土压力和顶部荷载等的破坏作用。

　　与其他挡土墙护岸技术相比自嵌式植生挡土墙有较大的革新：①自嵌式植生挡土墙墙面上生态孔可以植草、种花，墙体填土中可以种小型乔木，各种水环境中，水下部分可以种植水草。块体后缘内孔用于填充植生土壤，立体式的植生效果，景观化良好。同时植物的根系可以穿过挡土块，达到固化墙体的作用。②相对柔性结构。它对挡土墙基础要求不是很高，可以承受一定的位移与沉降而不会产生明显的应力集中，在松软地基上应用该技术比较适用。③采用干垒成墙，允许水持续透过挡土墙，而这一透水作用有效降低了挡土结构后水压力作用。也是由于这个特性在河、渠护岸中应用，可以促进挡墙外河水与挡墙内地下水交换，提高了河道、渠道的自净能力，也有利于各种水生物的生长，是保持生态环境的良好挡土墙结构。④砌块挡土结构可以在现场设计挡土墙位置、层位、高度与施工方法。可以改变砌块形状、大小，并在不可用机械施工场地进行施工，而无浆砌的施工方法可以大幅度提高施工速度，缩短建设工期。

（六）格宾柔性护岸

格宾网箱是由格宾网面构成的长方体箱形构件，是由有一定间隔大小的隔板组成若干单元格，同时用钢丝对每个隔板的周边和面板的边端都进行加固。在护岸施工现场再向格宾网箱里面填充石料，根据不同护岸地区、不同工程等级和不同类别而所采用的填料也是不尽相同，常见的有碎石、片石、卵石、砂砾土石等。所填料的大小一般是格宾网孔大小的1.5倍或2倍选取，也可以用其他材料如砖块、废弃的混凝土等。格宾网箱具有极佳的稳定性和整体性，它是由热轧钢丝拉伸后形成的网线，经热镀锌或复合防锈处理，再经聚氯乙烯覆塑处理后织成，因此具有非常高的强度和耐腐蚀性，在自然环境中一般可正常使用100年而不改变性状。这种结构抗冲刷能力非常强，并且具有很高的抗洪强度，适用于水量较大且流速较快的河道。同时，格宾网箱护岸结构能与当地的自然环境很好地融合，填料之间的空隙为水汽、养分提供了良好的通道，为水生生物提供了生长空间。植物的根系可以通过石块间的泥土深深地扎入边坡，形成一个柔性的整体护面，满足水土保持和绿化美化环境（图9.14，彩图9.14）。

三、城市河道绿化的维护与管理

河道绿化中，为防止林带高出堤岸，影响行洪，要求树冠不超

图 9.14　格宾柔性护岸

过 20 米。若林带高出平均堤岸 0.3 米，汛期需进行剪枝修剪。对植物生长的管理，要按照所选植物的生态学要求和生长习性，精心管理。由于河道堤防与坡面的绿化环境大体相似，所以管理上也大体相同，注意河道绿化环境的特点，植物常常可能遭受到淹水的危害，所以在植物的选择和养护上要注意植物的防水措施。另外，河道环境中，由于湿度较大，所以要注意防止病虫害的发生，发生后要及时采取措施。

第四节　坡面、台地绿化实例

实例一：北京市百花山旅游公路客土喷播施工

一、自然环境背景

百花山地处北京市门头沟区西部黄塔乡境内，属太行山余脉，形成于中生代的燕山运动，山体高大，层峦叠嶂，主峰海拔 1991 米，最高峰百草畔海拔 2049 米。

百花山属中纬度大陆性季风气候，春季干旱多风，夏季炎热多雨，秋季凉爽湿润，冬季寒冷干燥。年平均气温 6～7℃，7 月份平均气温 22℃，年降雨 720 毫米以上，无霜期 100～120 天。

百花山是北京市五个自然保护区之一，素有华北天然动植物园之称。植被属于暖温带落叶、阔叶林类型，深山区有残存的次生桦、杨林，一般林地均为灌木林或杂木混交林，森林覆盖率在 40%～60%。地带性土壤为褐土，主要土壤类型为山地棕壤、山地淋溶褐土。

二、人工坡面特征

实验坡面在百花山旅游公路 11 千米处，地理坐标为：N39.84519°；E115.56447°；海拔高度为 980 米。该边坡为路基边坡，坡长 380 米，最大坡高 53 米，总面积约 5000 平方米，坡度 45°～50°，边坡表面为开挖路堑时所丢弃的碎石块和大块岩石所覆盖，碎石直径为 20～30 厘米，大块岩石直径在 1 米以上。坡面附近现存的自然植被为次生林，主要乔木有山杏、山桃、臭椿、杨树、蒙古栎、榆树、槐树、枣树等，主要灌木种有绣线菊、虎榛子、荆条、二色胡枝子、丁香等，主要草本植物有白莲蒿、委陵菜、北柴胡、黄芪、白头翁、阴山胡枝子、麦瓶草、小红菊、地黄等。

三、施工技术方案

1. 土壤重建

由于边坡表面几乎没有土壤存在，因此恢复植被首先必须要解决土壤层重建的问题。鉴于坡面并不陡峭，又是路基边坡，不需要挂网直接喷射客土就可以重建具有一定稳定性的土壤层。考虑到坡面碎石之间有较大的缝隙，为了使植物根系有一个良好的生长环境，并减少客土喷射量，在喷射客土之前先用弃土对坡面进行回填处理，使碎石缝隙之中尽量被弃土填充，然后再实施客土喷射。

客土来源于远处一个土山的自然土壤，其土壤质地和肥力都比较差，为此在客土中掺入了适量的植物纤维、有机复合肥、缓释化肥和土壤改良材料（炉灰渣）。土壤黏合剂使用的是无机黏合材料。客土喷射厚度设定为 7 厘米。

2. 物种选取

百花山位北京市著名的风景旅游区，该旅游公路是百花山上唯一的一条交通要道，在这里开展边坡植被恢复既要考虑到人工植被与自然植被的融合和景观美化的问题，又要考虑保证边坡表层稳定、防止水土流失、保障道路安全问题。为此，在物种选取及群落设计上提出了以下三条基本原则。

① 优先选择速生物种，保证边坡表层稳定，防止水土流失，提高道路安全质量；

② 重点选择当地物种，保证人工植被与周边自然植被相融合，群落稳定持久，提高边坡生态质量；

③ 适当选择景观物种，突出百花山的景观特色，提高旅游景观质量。

根据这些原则，制定了乔、灌、草综合使用的植被设计方案。选择耐旱、耐寒的草本植物，迅速在坡面上形成早期植被覆盖，保证施工初期及 1～2 年内边坡稳定，防止边坡表层水土流失；选择当地原有的灌木物种，灌木根系发达，耐旱耐贫瘠，易于在坡面上成活，生命周期长，在草本退化之后在坡面上形成中期植被覆盖，保证施工后 3～5 年之内边坡稳定；选择花期花色较好的木本植物，在景观上与百花山自然植被相融合，在边坡上最终形成稳定持久的植被层，保证边坡长期稳定。

物种组合方案如下。

草本植物：冰草、早熟禾、紫花苜蓿、沙打旺。

灌木植物：沙棘、胡枝子。

木本植物：山杏、山桃、榆树。

花卉：波斯菊、紫茉莉。

草本植物密度设计为 2000 株/平方米，木本和灌木植物密度设计为 0.5～1 株/平方米。

使用这些物种后，预计植物群落的变化趋势是：第一年至第二年以草本群落覆盖为主，第三年至第四年以灌木群落覆盖为主，五年以后形成乔、灌、草复合的植物群落。

3. 建植方法

草本植物采用种子直播的方法，把草种混合在客土之中喷射到边坡表面；乔、灌木植物采用幼苗移栽的方法，当客土中草本种子发芽后再把乔、灌木幼苗移栽到坡面。

4. 管护措施

客土喷播结束后，用遮阳网覆盖边坡表面，减少降雨对坡面的冲刷和客土水分的蒸发，待草种发芽后再撤掉遮阳网。根据雨水的多少，在苗期进行适当的人工浇水，保证苗齐、苗壮，在入冬前浇一次冻水，在开春后浇一次返青水。管护措施主要在施工当年和第二年春季实施。

实例二：北京市玉渡山环山公路边坡绿化防护工程

一、项目概况

玉渡山风景区位于龙庆峡上游，海坨山脚下，是国家级生态保护区，境内海拔 580～1589 米。

1. 气候

玉渡山环山公路沿线地段属温带半湿润大陆性季风气候，年平均温度 8.4℃，极端低温－18℃，极端高温 33℃，一月和七月平均气温－13℃和12℃，年平均降水量 494 毫米，无霜期 165 天，夏季雨期降水量占全年降水量的 74% 以上，年平均相对湿度 50%。

2. 地形地貌

该区属燕山余脉军都山脉的一部分，位于燕山沉降带西端。地貌主要以沟谷、中山、谷地侵蚀阶地组成。

3. 土壤

施工边坡多为砾岩、石灰岩等，pH 值为 7.5 左右。因开挖时间过长且机械开挖不规则受雨水冲刷严重，使整个边坡凹凸不平，无法人工修平。

4. 植被

乔木主要由松、桦、山杨、椴和北京丁香为主的沟谷杂林组成。灌木林主要以山榆、二色胡枝子、野山枣、虎榛、绣线菊、鼠木李为主的白草群落，部分荆条灌丛相结合。

二、边坡概况

边坡按类型分为三大类。

1. 坡面情况一（图 9.15，彩图 9.15）

图 9.15　坡面情况一（现状）

（1）坡度比多在（1∶0.4）～（1∶0.3）。

（2）坡面较平整，无特大凸凹处。

（3）坡面稳定，风化现象不是很严重，无深层岩石裂缝。

（4）边坡多为硬石质，无植物生长层。

2. 坡面情况二（图 9.16，彩图 9.16）

图 9.16　坡面情况二（现状）

（1）坡度比多在 1：0.3 左右。

（2）坡面非常凌乱，凸凹不平。

（3）坡面不稳定，风化现象严重，碎石较多，有的还有裂缝。

（4）边坡多为风化岩，无植物生长层，有的有少许土壤。

3. 坡面情况三（图 9.17，彩图 9.17）

图 9.17　坡面情况三（现状）

（1）边坡极陡，坡度多在 90°左右，有的还超过 90°。

（2）坡面较稳定，风化现象不太严重。

（3）边坡多为石质，没有任何植物。

三、绿化施工技术方案

1. 施工工艺流程

（1）清理、平整坡面　清除坡面淤积物，再用高压水枪清洗坡面，使坡面有利于植被混凝土与边坡的完全结合。

（2）设固定复合网　铺设固定复合网的目的是增强护坡强度、形成加筋植被混凝土，应用固网技术按 1 米×1 米交叉锚固。

（3）植被混凝土　根据搅拌机大小，按植被混凝土的配比计算拌和。在面层喷射层拌料时加入混合植物种子。

（4）喷射植被混凝土　要求喷枪口距岩面 1 米左右，加水量应保持植被混凝土不流不散。分基层和面层两次喷射，在基层喷射过程中，应注意第二次找平。

（5）加种本地野生乔灌木　在喷射植被混凝土后加栽本地野生乔灌木，可以使边坡植物多样化和本土性，能达到更好的生态绿化效果。

（6）覆盖无纺布和草帘子　在面层喷射层完成后，覆盖 28 克/平方米无纺布进行保墒，营造种子快速发芽环境。

（7）喷水养护　在养护期应当保持植被混凝土呈湿润状态。喷水设备应采用喷雾喷头移动喷洒，杜绝高压水头直接喷灌。一般养护期为植物覆盖地面为限（50 天左右）。

2. 材料配方（表 9.3，表 9.4）

表 9.3　客土材料的配方表

材料名称	过筛好土	硅酸水泥	过磷酸钙	锯末	有机肥	保水剂
用量/平方米	0.2 立方米	350 克	400 克	500 克	200 克	30 克

表 9.4　喷播材料的配方表

材料名称	紫花苜蓿	沙打旺	胡枝子	紫穗槐	多年生黑麦草	无芒雀麦	扁穗冰草
用量/平方米	3 克	1.5 克	3 克	1.5 克	2 克	6 克	6 克

材料名称	披碱草	混合花籽	保水剂	胶黏剂	复合肥	木纤维
用量/平方米	8 克	1 克	3 克	1 克	80 克	100 克

图 9.18（参见彩图 9.18）为实景效果。

3. 主要施工材料及材料特性

① 植物种子系统

a. 多年生黑麦草　禾本科黑麦草属，是多年生草本，须根稠密、耐寒、耐贫瘠，生长迅速，为优良的草坪草之一。

b. 扁穗冰草　禾本科冰草属多年生草本植物，须根稠密、外具砂套茎疏丛或密丛，扁穗冰草抗寒抗旱、耐热性强，对土壤要求不高，在干旱的山坡、丘陵以及沙地都能生长，是一种良好的水土保持植物

图 9.18　实景效果

和固沙植物。

　　c. 无芒雀麦　禾本科雀麦属多年生牧草。疏丛型、茎直立，具发达的地下根茎，蔓延能力极强，入土较深。适宜在冷凉干旱的条件下生长，耐寒、耐旱、耐盐碱，对土壤适应性很广，是优良的牧草品种之一。

　　d. 紫花苜蓿　豆科苜蓿属多年生草本植物。直根系，根系发达，适应性广，根系具固氮功能，能改良土壤并给其他植物提供氧分，是优良的牧草植物。

　　e. 沙打旺　豆科黄芪属多年生草本。根系发达，主根粗长，侧根较多，喜温抗寒，适应性很强，抗旱、抗盐、耐瘠薄、抗风沙，是干旱地区良好的水土保持植物。

　　f. 紫穗槐

　　g. 胡枝子

　　以上植物的选配考虑到植物自身的改良土壤作用，根据不同土壤、气候、边坡的朝向差异，比例有所不同。总原则是速生植物与缓生植物相结合，在确保后期生态效果的前提下加快边坡复绿进度。使边坡生态环境能在人工干预下，逐步向当地自然环境演替。

　　② 土壤生物改良系统

　　a. 保水剂　保水剂是高分子聚合物，能吸收自身重量的几百至上千倍的水分，易于降解，降解物对土壤有益。保水剂如与农药、微量元素、生根粉和肥料等结合使用，还可使它们缓慢释放，提高利用率。

b. 胶黏剂　为一种线性功能性高分子聚合物，生物稳定性强，可任意比例溶于水，能够吸附土壤颗粒，形成团粒结构，固定表土，保护耕层，提高水的渗透性，减少肥药流失，防止土壤侵蚀、板结、盐渍化，土壤翻耕更为容易。

c. 高级营养剂　本品含草坪植物所需的多种氨基酸螯合态微量稀有元素及高活性物，具有较强的 EDTA（乙二胺四乙酸）特性，提高营养物质的吸收与转化，加强根系活力和光合作用。

d. 肥料　缓释长效有机肥。

③ 土壤防风蚀固化系统

a. 镀锌铁丝网

b. 钢筋锚杆

c. 植被混凝土

植被混凝土物理性能：a）容重 14～15 千牛/立方米；b）孔隙率 30％～45％。性能稳定，抗湿变、抗光照性能好。

植被混凝土力学性能：试验强度为 7 天 0.3 兆帕，28 天 0.45 兆帕，半年后 0.43 兆帕，一年后 0.41 兆帕。

边坡浅层防护功能：植被混凝土在施工过程中采用挂网加筋，边坡上生长的植被也有效地防御了暴雨冲刷、太阳暴晒、温度变化。

d. 木纤维　防蚀纤维可优化土壤固化剂的性能，改善土壤上土层的水分储存能力，可使土壤改良产品相互交织而且分布均匀，具有防风蚀、水蚀的保护作用。

④ 机械喷播系统

粉碎机、搅拌机、空压机、升降机、发电机、喷播机、混凝土喷射机、手风钻、高压水泵、抽水机。

四、养护安排

在出苗阶段每天早晚各浇水两次，每次 2 毫米以上保证湿土层在 3 厘米，少量多遍。苗高 3～4 厘米后减少浇水次数，增大每次浇水量，以每次浇透为准。当覆盖率达到 80％左右时适当控水，一般一周浇水一次。

本道路边坡绿化方案表现为工程成本相对较低；植被恢复快且有效期长，特别抗旱；护坡能力强，绿色期长，可按景观设计要求再造景观，改善生态环境，特别适合旅游区的景观道路、废弃采石场以及高速公路护坡的生态恢复工程。

第十章
城市桥体绿化

城市桥体主要由城市立交桥、城市河流桥梁、过街天桥、高架路等一系列在城市中起到连接沟通作用的人工构筑物组成。随着道路建设的发展和交通的需要，平面交叉路口的车辆堵塞和拥挤现象日益普遍，因此许多大中城市的交通要道和高速公路上相继兴建了大批立交桥，用空间分隔的方法消除道路平面交叉车流的冲突，使两条交叉道路的直行车辆畅通无阻。

现代城市桥体大多都是裸露桥体，交通上虽然起着重要的疏散作用，但是由于缺乏绿化，裸露桥体在景观上以及防眩光上都存在明显不足，因此做好桥体绿化对于城市形象的改善和交通环境的改善具有重要意义。城市桥体绿化，既是保护生态环境、保持生态平衡的要求，也是城市绿化、创造美好生活环境的要求，同时可减轻人们在高大建筑物前的空间压迫感。因此，城市桥体绿化美化，具有重要的生态效益和社会效益。

第一节 城市桥体绿化的形式

一、高架路桥体绿化

高架路（桥）是指受地面因素影响，无法在原地面修建路

（桥），而用一系列柱子架起来的空中道桥（路）（图10.1）。一般出现在城市道路建设中，北京、上海、深圳、广州等很多大城市都有高架桥（路）的建设。

图10.1 高架路

高架路需绿化的部位有立柱绿化、桥面绿化、中央隔离带的绿化和护栏的绿化。立柱是构成高架道路的承重部分，对于如此庞大的绿化载体，应该充分加以运用。护栏是桥梁中防护和分隔的部分，是整体不可分割的一部分，属于整个桥型又从属于桥梁整体。中央隔离带和隔离栅绿化应以隔离保护、丰富路域景观为主要目的。

二、立交桥体的绿化

立交桥全称"立体交叉桥"，词典释义为：在城市重要交通交汇点建立的上下分层、多方向行驶、互不相扰的现代化陆地桥（图10.2）。随着道路建设的发展和交通的需要，城市人口的急剧增加使车辆日益增多，平面交叉的道口造成车辆堵塞和拥挤，许多大中城市的交通要道和高速公路上兴建了一大批立交桥，用空间分隔的方法消除道路平面交叉车流的冲突，使两条交叉道路的直行车辆畅通无阻。城市环线和高速公路网的连接也必须通过大型互通式立交进行分流和引导，保证交通的畅通。城市立交桥已成为现代化城市的重要标志。

城市立交桥绿化是以立交桥为主体进行的绿化设计，它有吸附有害气体、滞尘降尘、削减噪声、美化景观和提高行车安全性等作用。立交桥绿化大致分为桥体绿化和立交桥附属绿地绿化，桥体绿化主要包括桥体墙面、桥体中央隔离带、桥体防护栏和桥柱四个部分的绿化；立交桥附属绿地绿化大致可分为边坡绿化和桥体周围普

图 10.2 立交桥

通绿化两种形式。

三、其他形式绿化

过街天桥及城市河道上的桥梁也都属于城市桥体绿化的一部分，这类桥梁都不在自然的土壤之上，桥面通常是通透的，边缘不像立交桥体和高架路是实心的，一般没有预先留出种植植物的地方。因此在绿化时采取各种措施增设种植池或者种植槽（图 10.3、图 10.4）。

图 10.3 过街天桥　　　　　　　图 10.4 城市河道上的桥梁

另外，高架路的边坡绿化也是一个非常重要的方面。桥体的护坡在绿化设计上应根据当地的实际情况进行设计，护坡的绿化也可以参照坡面绿化的方法。

第二节 城市桥体绿化环境及其植物的选择

桥体是道路交通要道，局部光线不足，噪声大，二氧化碳、二氧化硫等有害气体含量高，扬尘多，而且桥体一带的土壤相对贫瘠、干旱，因此对立交桥、高架桥等进行绿化的植物选择首先应以乡土树种为主，并且尽量选用具有较强抗逆性的植物，针对光照条件不足的环境特点，应选择耐阴、适应性强的物种；针对立交桥对立体绿化要求较高的特点，可选择易管理、生长性良好的藤本植物，如五叶地锦、常春藤和南蛇藤等，或选用爬山虎等吸附能力较强的植物。以北京市为例，可用于立交桥立体绿化的植物有如下几种。

（1）藤本类　三叶地锦、五叶地锦、常春藤、凌霄、紫藤、扶芳藤、南蛇藤、藤本月季、迎春、连翘、木香、爬山虎等。

（2）地被类　沙地柏、常夏石竹、早熟禾、高羊茅、野牛草、三叶草、马蔺、玉簪、萱草、鸢尾等。

（3）垂挂类草花　牵牛花、旱金莲、吊兰、天竺葵等。

城市立交桥、高架桥桥体绿化内容大体可以分为桥体墙面绿化、桥体下方绿化、桥柱绿化、桥体防护栏绿化、中央隔离带绿化、桥体周围绿化、边坡绿化。

一、桥体墙面绿化

桥体墙面的绿化类似于墙面的绿化，是城市立体绿化中占地面积较小，绿化面积较大的一种绿化形式，主要是利用藤本植物的攀爬特性或枝条下垂来进行绿化，以增加绿地覆盖率，美化桥体，同时墙面绿化还可以对桥体起着保护的作用，减少了桥体被恶劣气候破坏的概率，增加建筑材料的使用寿命。由于川流不息的车辆排放出大量的废气及酷暑当头、寒风尽吹的恶劣土地条件也给植物品种的选择增加了局限性。因此桥体绿化的植物应具备以下特点。

第一，能适应贫瘠土壤、对土壤要求不高的浅根性适生植物。

第二，能耐寒、耐高温、耐湿、耐干旱的阳性品种。

第三，能抗污染、净化空气的绿色植物。

第四，能形成良好景观的开花小灌木、攀缘植物或藤本植物。

一般情况下，高度在 3 米以下的桥体墙面采用爬山虎、蔷薇栽植于桥体道路边缘，较高的墙面则用美国地锦，凌霄攀缘覆盖（图10.5、图 10.6，彩图 10.5、彩图 10.6）。上海高架道路的桥体绿化选用黄馨、粉团蔷薇、日本无刺蔷薇三种植物作为高架道路垂直绿化的首选品种，它们既四季常青，又能开出黄花、粉红色花、白花，将高架道路装点成色彩缤纷的空中花境。

图 10.5　法国艾克斯普罗旺斯一座大桥上的墙面绿化

图 10.6　北京西三旗桥体墙面绿化

二、桥体下方绿化

不同高架桥类型的桥体下方光照并不相同，同一高架桥体下方的不同位置，其光照也不同。根据植物对光照强度要求的不同，可将其分为在强光环境中生育健壮的阳生植物、适宜生长在荫蔽环境的阴生植物和中间类型的耐阴植物。这三类植物的需光度也是不同的，阳生植物一般需光度为全日照70%以上的光强，阴生植物的需光度一般为全日照的5%～20%，耐阴植物一般需光度在阳生和阴生植物之间，对光的适应幅度较大。

不同类型高架桥体下方光照变化主要与道路上方高架桥数量、高架桥高度、桥面与桥体下方绿化带宽度之间有密切关系。晴天桥体下方光照显著优于阴天，四季之中夏季最好。道路上方有两条高架桥，中央段光照显著比旁边段差。桥面宽度若显著宽于桥体下方绿化带，将减弱桥体下方的光照。同一高架桥体下方光照也有明显差异，既存在植物生长的"死区"，又存在可对植物造成"强光伤害"的区域。因此在进行桥体下方植物种植时，应充分了解其生境条件尤其是光照条件，在种植前应对光照进行测试，看其是否满足植物生长所需的光补偿点，并与全日照数值进行比较，选择合理的绿化布局。光照好的位置可栽种抗污性强的喜阳植物如海桐、黄杨、鸢尾等，但在阳光曝晒严重情况下应采取适当的遮阴措施，降低"强光伤害"的影响；光照适中位置可种植抗污性强的耐阴植物或阴生植物，如八角金盘、洒金桃叶珊瑚、常春藤、爬山虎、扶芳藤和麦冬等，可以降低高架区域污染，起到美化景观的作用（图10.7，彩图10.7）。

图 10.7　桥体下方绿化

三、桥柱绿化

桥体上有各种立柱，支撑柱，这些立柱和支撑柱是高架道路的承重部分，它们为桥柱绿化提供了可以利用的载体，从一般意义上，吸附类的攀缘植物最适合桥柱垂直绿化，北京的高架路立柱目前主要选用五叶地锦、常青藤等。另外，也可选用木通、南蛇藤、山荞麦、金银花、蝙蝠葛、小叶扶芳藤等耐阴植物（图10.8，彩图10.8）。

图 10.8　桥柱绿化

进行桥柱绿化时，对那些攀附能力强的植物可以任其自由攀缘，而对吸附能力不强的藤本植物，应该在立柱上使用塑料网和铁丝网让植物沿网自由攀爬，对于桥柱下方阴暗处的绿化，可采用贴植模式，如南方城市选用女贞和罗汉松、檵木、八角金盘等，北方城市可选珍珠梅、金银木、麦冬一类耐阴植物，应该注意植物生长不能伸向道路方向，否则对交通会产生不良影响。

四、桥体防护栏绿化

立交桥的防护栏绿化方式可分为两种方式：一种是让墙面垂直绿化攀缘植物顺势生长，同时绿化防护栏；另一种是在防护栏旁放置花钵或种植槽，在盆中种植观赏花卉或者灌木。在设计中，种植槽的形式与尺寸要与桥梁的结构形式及造型相协调，并尽量做到减少桥梁的压力，保持两侧平衡。植物宜选择喜光、抗风、耐寒、耐贫瘠、抗污染的植物，与种植槽结合起来造景（图 10.9～图 10.12，彩图 10.9～彩图 10.12）。

五、中央隔离带绿化

中央隔离带是指双向互通式立交桥中，用来分割两条交通线的地带。中央隔离带的主要功能是防止夜间灯光眩目，起到诱导视线

图 10.9 济南立交桥防护栏利用万寿菊、彩叶草花槽进行绿化

图 10.10 绵阳市科委立交桥防护栏利用矮牵牛花槽进行绿化

图 10.11　上海过街天桥防护栏
旁利用种植槽装饰桥体

图 10.12　立交桥桥体防护栏旁
利用种植槽进行绿化

以及美化道路，提高车辆行驶的安全性和舒适性，缓和道路交通对周围环境的影响以及保护自然环境和沿线居民生活环境。在大型桥梁上通常建造有长条形的花坛或花槽，可以在上面栽种园林植物，如黄杨球，还可以间种美人蕉、藤本月季等作为点缀。或者可以在中央隔离带上设置栏杆，种植藤本植物任其自由攀缘。隔离带的土层一般比较薄，所以绿化时应该采用那些浅根性的植物，同时植物具备较强抗旱、耐瘠薄能力。

六、桥体周围绿化

由于受桥体的遮挡作用，立交桥周围多裸地和硬质铺装，立交桥桥体周围的绿化在植物的选择上应该按照这一前提合理选择植物品种。立交桥桥体周围的绿化配置的方式可采用："乔＋草、灌＋草、乔＋灌＋草"三种方式，比如北京四元桥立交桥桥体周围采用了"乔＋灌＋草"的方式，四元桥是一座特大的苜蓿叶型加定向型的复合式立交桥，四层结构，占地面积 24 公顷，绿化主体设计选择四龙四凤的图案，是中国民俗中吉祥如意的象征。龙的图案以黄杨作骨架，用红色的小檗和金色的金叶女贞构成龙珠、龙角、身子和龙尾各个细部，在碧绿的草地衬托下，四条巨龙似要腾空而飞。桥的四角则采用桧柏、黄扬、金叶女贞和红色的丰花月季组成四个飞翔的凤。龙的直径 10.5 米，凤长 11 米。四周的绿化作了整体化的处理手法，围绕龙的外围是油松的纯林，桥的外围匝道外是 30

米宽的白杨林带。整个桥体掩映在高大林木之中，图案线条分明、色彩绚丽，体现了大手笔、大气势、大象征的设计意图（图 10.13，彩图 10.13）。北京复兴门立交桥桥体周围采用"灌＋草"的方式，面积 1.5 公顷，以开阔的大草坪为主，以黄杨球点植，四周配以大花月季镶边（图 10.14，彩图 10.14）。

图 10.13　北京四元桥周围绿化
采用"乔＋灌＋草"的方式

图 10.14　北京复兴门立交桥
周围采用"灌＋草"的方式

七、边坡绿化

边坡绿化是用各种植物材料，对桥梁两侧具有一定落差坡面起到保护作用的一种绿化形式。边坡绿化应选择吸尘、防噪、抗污染的植物，而且要求不得影响行人及车辆安全，并且要姿态优美的植物。边坡绿化还要注意色彩与高度要适当。较常见的边坡植物有金叶薯、紫叶薯、沙地柏、地锦、波斯菊等。

第三节　养护管理

一、浇水

城市桥体周围、中央的分隔带多是在路基填筑完成后铺筑路面时留下部分断面填土而成的，不与地面下土壤连接，地面下毛细水被高填方的路基隔断，不能有效提供水分给苗木，因此绿化苗木所需水分只有靠雨水、雪水来补充。但是自然降水量根本无法满足绿化植物生长的需要，尤其北方地区温带季风气候，四季分明，降水不均匀，春季暖和，气温回升很快，风多雨少，气候干燥，容易产生生理干旱；夏季炎热，雨水较多，虽利于植物生长，但由于夏季气温高，黑色路面吸收大量太阳能量，地面温度超过60℃，对桥体立体绿化植物造成较大烤烘效应，水分蒸发较快，因而绿化的苗木往往比沿线农田更易发生干旱缺水现象；秋季凉爽，冬季寒冷，雨雪较少，大多时候处在干旱缺水时期。由此可见，补充植物所需水分是非常必要的。

浇水量因树种、土质、季节以及树木的定植年份和生长状况等的不同而有所不同。一般当土壤的含水量小于田间最大持水量的70%以下时需要浇水。以北方地区浇水标准为例：

① 为应对春季风多、干旱、少雨的情况，一般每年在3月初春时节对桥体立体绿化植物浇一次返青水，然后每隔半个月或1个月根据天气干旱情况及时补充浇水，浇水时一定要浇足、浇透，避免因浇水不足而造成表层土壤板结，不利于苗木生长。

② 为促进苗木对水分的吸收，对常绿苗木浇水时可同时对树体直接喷洒。

③ 为保证苗木安全过冬，在11月下旬封冻前普遍浇一次封冻水。

④ 为了更好地保住土的墒情，在浇水后要及时松土，减少水分的蒸发。

二、施肥

桥体、中央分隔带内填土是公路施工时外借土，大多都是深土层母土，其中所含营养成分稀少，且几乎不含腐殖质，透气性极差。为了满足苗木生长，需要有针对性地进行追肥。

(1) 加大生物肥的施用量 常用土杂肥有猪、牛、羊等食草牲畜的粪便及鸡粪等，或农村沼气池内各种秸秆发酵后的废料，其中不仅含有树木生长所必需的各种养分，经常施用还能使土壤变得疏松，缓解土壤板结、增强土壤的透气性。土杂肥一般可在秋后或者春季施用。

(2) 有针对性地在树木生长的不同时期追施化肥 对乔、灌木花卉可适当追施含磷、钾较多的化肥，促进苗木生长，增强光合作用，有利于花卉鲜艳饱满；对常绿树及一般乔、灌木可适当追施含氮、磷较多的化肥，促进根系、枝、叶生长发育，使根系发达以利抗旱，使枝条韧性较好以防风折，使叶色黑绿亮光以增强光合作用。

三、修剪

若想使苗木既美观又能达到一定的防眩效果，对苗木进行科学修剪是必不可少的，措施可包括以下几种。

① 根据分隔带苗木有效防眩高度确定苗木高度，苗木高度一般离地面1.5米为宜，过低达不到防眩目的，过高给司乘人员造成一定的压抑感。为了不影响苗木生长，修剪应尽量选在夏季苗木生长旺盛期和秋后苗木开始落叶时期进行。

② 日常修剪管理工作。及时清除树木枯枝、病死枝、畸形枝，以及剪去部分徒长枝。当树木侧枝生长旺盛，侵入道路界限内，也要及时对枝条进行修剪。在修剪时要注意根据树木生长强、弱，大、小情况和不同树种的生长特性采取不同的修剪方式，以求使树木生长一致，大小整齐划一，达到树型美观大方的目的。

四、防治病虫害

桥体、中央分隔带存在着地域跨度较大、雨水分布不均的情况，且各种不同品种乔、灌木混合栽植，因此极易受病虫害的传染。必须坚持"预防为主，防治结合"的方针，同时还需要做到：

（1）与当地植保部门取得联系，及时获取各种病虫害发病高峰的时间和周期，有针对性地喷药防治，防止大面积病虫害的发生。

（2）根据不同树木易发病虫害时间和周期采取不同措施进行防治，例如为应对树皮内虫卵，可在春季树木发芽前涂刷波尔多液、喷洒杀菌药等措施杀死越冬害虫卵，减少病虫发生概率。在树木生长过程中一旦发现病虫害，应立即采取措施，根据病情、虫情特点选择不同的化学药剂进行防治；对部分已受病虫为害，且病虫寄居树体内的树木要及时清除、烧毁，防止进一步繁衍、传播。

五、更新与采伐

为保证桥体绿化美化效果，应及时对死亡、缺失的苗木进行补植。补植时，要把好选苗关，选择生长旺盛、无病虫害、规格与原苗木相同的同品种苗木进行补植，保证栽植后树苗规格基本协调。还要根据原树木缺失原因做好补植前准备工作，例如对病虫害致死的树木进行补植时，为防止潜伏土壤内的病虫影响苗木成活，需在挖好的树坑内撒少量生石灰、拌和，以达到杀死虫卵及病菌的目的。补植时对原树坑土质较差不利于树木存活的要进行换土。补植要根据苗木生长特点选择合适的季节，最好选在春季或雨季，若因特殊情况需反季节栽植时，苗木在起苗时要带大土球，尽量不伤及苗木根系。补植后加强后期管理，及时浇水并一次浇足、浇透，在干旱季节浇水有困难时可采取地膜覆盖方式进行保水，并对栽植苗木通过绑拉方式进行固定，防止因中央分隔带风大使树摇摆不定，影响根系生长而死亡，必要时也可适量加保水剂，提高苗木成活率。

第四节 桥体绿化实例

实例一：济南市北园大街高架桥下绿化带绿化设计（济南同圆建筑设计研究院有限公司）

北园大街位于济南市北部，是济南主城区内铁路以北地区东西贯通的唯一一条交通主干道，横穿天桥、槐荫、历城三区，与多条道路交会，交通任务繁忙，道路沿线有长途汽车总站等大型对外交通枢纽，并与多条高速公路连接，是济南市一条重要的对外交通要道。

规划中北园大街地面道路工程全长 13.02 千米，设计道路标准红线宽 60 米，匝道落地处，主要交叉口段红线宽 70 米。其中地面道路中央分隔带宽 6.5 米，设置高架桥墩柱及快速公交停靠站，两侧快车道各 13.75 米，慢行一体各 13 米，包括 3 米绿化带，4.5 米自行车道，1.5 米树池，4 米人行道。

北园大街规划红线内的大部分绿地位于高架桥下，由于光照条件和雨水条件的不足，大部分绿化生长条件较差（图 10.15），设计中主要选择耐阴抗旱的小乔木，花灌木以及地被植物合理搭配，以群落式的配置手法，表现高架桥下的绿色景观，使其在层次、尺度、色彩和空间上具有丰富的变化，同时能够有效地改善混凝土桥墩带给行人的

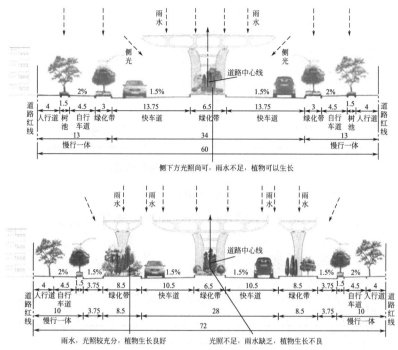

图 10.15　规划红线内的大部分绿地位于高架桥下，由于光照条件和雨水条件的不足，大部分绿化生长条件较差

不舒适感，给人以良好的视觉感受。

高架桥标准断面主要有两种，标准段一高架桥下绿地采光及雨水条件尚好，绿化注重行人感受，创造复合群落空间，下层种植模纹色带或剑麻、丰花月季、绣线菊等地被植物，局部点缀大叶黄杨球、红瑞木、箬竹，中层布置紫荆、金银木、黄刺玫等，上层以龙柏、紫叶李、大叶女贞为背景（图 10.16、图 10.18，彩图 10.18）。

标准段二高架桥桥体与匝道间距小，投影面积较大，植物立地条件恶劣，故绿化着重表现绿色生态景观，中央分隔带以耐阴、耐旱的小龙柏作为绿化基调树种进行栽植，间以搭配玉簪、剑麻、黄杨球等植物，并以龙柏、珍珠梅作为上木层丰富绿化景观层次。位于高架桥下的机动车与非机动车之间的绿化带，以常绿树桧柏、大叶女贞为背景，前面成丛配置紫叶李、紫荆、连翘等构成第二层次，下面配置大

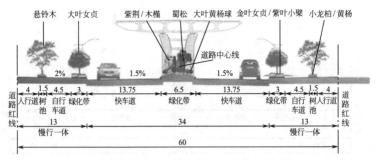

图 10.16 高架桥标准段一绿化断面图

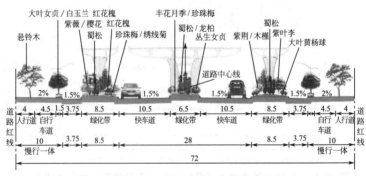

图 10.17 高架桥标准段二绿化断面图

叶黄杨球、丰花月季、珍珠梅、金叶女贞等色彩明丽的小灌木和地被植物丰富道路视觉效果。草坪地被选用管理粗放的白三叶或耐阴性极强的玉簪等。同时，为削弱高架桥混凝土桥墩的生硬感，采用常春藤、爬山虎等对桥墩进行垂直绿化（图 10.17、图 10.19，彩图 10.19）。

图 10.18 高架桥标准段一
绿化效果图

图 10.19 高架桥标准段二
绿化效果图

实例二：北京市南六环路良官路立交园林景观规划设计

（边坡绿化、桥体周围绿化）

北京市南六环路（黄村至良乡段）沿线占用土地多为旱地、苗圃、果园以及林地。结合沿途景观，设计立意定义为"具有田园风光的生态大道"，六环路（黄村至良乡段）的立交桥园林景观设计应突出"田园、生态、回归自然"的设计理念。绿地形式是以圃代林结合景观，形成以自然群落为主的大手笔、大气魄的针阔、乔灌大混交的景观苗圃。良官路立交定位为：规则式景观苗圃。

良官路立交占地面积 32 万平方米，其中桥体面积 10.5 万平方米，中心绿地 8 万平方米，护坡 8.1 万平方米，平台 3.5 万平方米。立交为单喇叭立交，由于立交范围内为耕土及人工填土，以亚黏土为主，所以选择树种考虑满足本地生长的品种。

从收费站到六环路中间绿为 6.5 万平方米，东西长 350 米，南北长 200 米，形成完整的绿地，并与良官公路相连，交通便利，土壤条件良好，考虑作为规则式景观苗圃处理。根据行车方向的不同，从各方面分别形成不同的苗圃生态景观系统，针阔、乔灌成行成排，林际线高低错落，立体上产生动态美感；形成多层次的大体量的苗圃植物景观。以六环路为主观赏点，在视线的焦点处种植不同的植物，利用植物在色彩上，高矮上的变化达到平衡和协调、韵律和节奏的不同感觉。为方便苗圃管理，在区域中增加 3.5 米的环行行车道以及喷灌等设备，并在地块中间开辟出 3～3.5 米的作业道（图 10.20，彩图 10.20）。

边坡种植地锦、胡枝子等，桥区周边内平台种植黄栌、外平台种植火炬，常绿树和花灌木林下不种植地被，其余落叶乔木除特殊地段外皆种植地被植物如福禄考、马蔺、半枝莲等（图 10.21）。

一、树种搭配比例

落叶乔木：38%；常绿乔木：28%；花灌木：23%；地被：11%。

二、树种选择

（1）落叶乔木　毛白杨、金叶槐、元宝枫、臭椿、栾树为主栽树种，附以栓皮栎、小叶朴、白蜡等树种作为点缀。

（2）常绿乔木　云杉、油松、为主栽树种，附以侧柏等树种作为点缀。

（3）花灌木　红瑞木、木槿、金银木为主栽树种，附以棣棠、榆

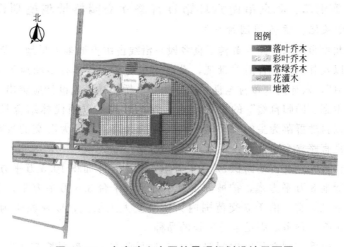

图 10.20　良官路立交园林景观规划设计平面图

图例
落叶乔木
彩叶乔木
常绿乔木
花灌木
地被

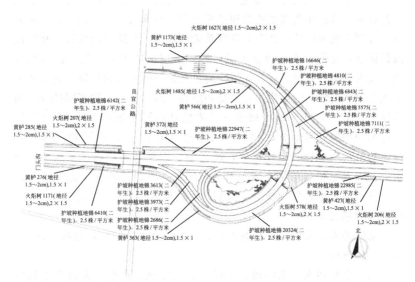

火炬树 1627(地径 1.5～2cm),2×1.5

黄栌 1173(地径 1.5～2cm),1.5×1

护坡种植地锦 16646(二年生),2.5 株/平方米

护坡种植地锦 4810(二年生),2.5 株/平方米

护坡种植地锦 6843(二年生),2.5 株/平方米

护坡种植地锦 5575(二年生),2.5 株/平方米

护坡种植地锦 7111(二年生),2.5 株/平方米

火炬树 1485(地径 1.5～2cm),2×1.5

黄栌 566(地径 1.5～2cm),1.5×1

护坡种植地锦 6142(二年生),2.5 株/平方米

火炬树 207(地径 1.5～2cm),2×1.5

黄栌 372(地径 1.5～2cm),1.5×1

护坡种植地锦 22947(二年生),2.5 株/平方米

良官公路

黄栌 285(地径 1.5～2cm),1.5×1

门头沟

黄栌 276(地径 1.5～2cm),1.5×1

火炬树 1171(地径 1.5～2cm),2×1.5

护坡种植地锦 6410(二年生),2.5 株/平方米

护坡种植地锦 3613(二年生),2.5 株/平方米

护坡种植地锦 3973(二年生),2.5 株/平方米

护坡种植地锦 2686(二年生),2.5 株/平方米

黄栌 363(地径 1.5～2cm),1.5×1

护坡种植地锦 20324(二年生),2.5 株/平方米

火炬树 578(地径 1.5～2cm),2×1.5

护坡种植地锦 22985(二年生),2.5 株/平方米

黄栌 427(地径 1.5～2cm),1.5×1

火炬树 206(地径 1.5～2cm),2×1.5

北

图 10.21　良官路立交桥区边坡及平台种植设计平面图

叶梅、紫叶李、紫叶矮樱、美人梅等树种作为点缀。

（4）地被　福禄考、马蔺、半枝莲。

（5）护坡　地锦、胡枝子。

第十一章
屋顶绿化

第一节 屋顶绿化概述

屋顶绿化是指在高出地面以上，周边不与自然土层相连接的各类建筑物、构筑物等的顶部以及天台、露台上的绿化。

一、屋顶绿化的发展

（一）国外

屋顶绿化起源于西方国家，近代的大发展也是在西方发达国家。最早的屋顶花园是 2500 多年前建在幼发拉底河岸的巴比伦空中花园。从 20 世纪 60～80 年代起，被视为集生态效益、经济效益与景观效益为一体的城市绿化的重要补充，受到广泛关注，成为一种新的城市绿化趋势。自 20 世纪初，英国、美国、德国、日本等国家建造了大量的屋顶花园。1959 年美国建成的具有高技术含量的奥克兰市凯泽中心屋顶花园，被认为是现代屋顶花园发展史上的一个里程碑。随着建筑工程技术的不断进步、发展，越来越多的新型建筑材料的开发与应用，使得屋顶花园的建造变得更加轻而易举。随着城市"热岛效应"的日益显著，给人们带来的负面影响越来越大，世界各国对屋顶绿化也更加重视。

1. 德国

被认为是世界上屋顶绿化技术领先的国家，在目前世界上有关"建筑物大面积植被化"的科研开发和技术成果中，大约有90%都属于德国的专利。德国的屋顶绿化流行趋势始于20世纪60年代，20世纪80年代开始，注重研究屋顶绿化的生态效益，与此同时，德国采取了政府和业主共同出资进行屋顶绿化的办法，鼓励屋顶绿化建设和发展。截至2003年，屋顶绿化面积占到屋顶面积的14%。德国还进一步更新楼房造型及其结构，将楼房建成阶梯式或金字塔式的住宅群。当人们布置起各种形式的屋顶绿化后，远看如半壁花山，近看又似斑斓峡谷，俯视则如同一条五彩缤纷的巨型地毯，令人心旷神怡，美不胜收。

2. 日本

人多地少，寸土如金的日本，对屋顶绿化愈来愈重视。当今日本在开展屋顶绿化方面，已走进了世界的前列。

1991年4月，东京都政府首先颁布了城市绿化法律，规定在设计大楼时，必须提出绿化计划书。1992年6月，又制定了"都市建筑物绿化计划指南"，使城市建筑物的绿化更为具体。之后在东京出现了不少房顶小型公园、百鸟园、空中花园等，它们在吸引了不少游客的同时，也造福了东京市民。

日本环境省于1999年设立"抑制热岛现象对策研讨委员会"，该会在2000年发表报告，选定东京、名古屋、大阪、京都、川崎、仙台等大城市作为试点，并要求各地方政府在这方面做出积极努力。对城市建筑物实行屋顶绿化就是环境省提出的减轻热岛现象的有效对策之一。

东京都于2000年制定了"关于保护和恢复东京自然的条例实施规则"及"东京都绿化指导方针"，规定"不仅地面，而且要尽可能地在建筑物等有可能绿化的地方进行绿化"。2001年还出台政策规定，业主在新建和改建占地面积1000平方米以上的民间设施和 250 平方米以上的公共设施时，必须绿化屋顶可利用面积的 20％，否则开发商就得接受罚款。截止 2001 年 10 月，仅东京都内就有 1200 余座建筑物实现了屋顶绿化，绿化面积超过 4.3 万平方米。在公共建筑、工厂厂房、学校、车站、酒店、码头、地下停车场等的屋顶上，几乎都有植物绿化。被绿化了的屋顶仿佛是一处处公园、一片片绿洲，为东京的市容市貌增添了许多生机和美丽。

3. 法国

法国政府已开始为绿化屋顶提供一定的资金，法国首都巴黎还将绿化屋顶列入其城市规划，在巴黎的高楼平顶上栽种着各种树木、花卉，以及建设人造草坪、圆形拱顶小屋，夏天在"空中花园"避暑，冬日可在用白雪装点的圆形拱顶内欢度良宵。

4. 美国

美国也是世界上开展屋顶绿化最早的国家之一。他们通过政府为主的力量，进行屋顶绿化的工作。目前在美国的许多大城市，绿色的屋顶随处可见。

芝加哥市的屋顶绿化是美国屋顶绿化的典型代表，该市从市政厅的屋顶绿化开始做表率，然后把屋顶绿化逐步推广到私人企业、商业建筑和居民住宅。同时还制定优惠政策以鼓励私人企业安装屋顶绿化，这些政策包括：私人住宅的屋顶绿化可获 5000 美元补贴，每栋商业大楼可获 1 万美元；新建筑如有屋顶绿化的项目，审批程序可以从简；必要的时候芝加哥市政府还能给予低利率融资等其他经济补贴。到目前为止，芝加哥市有 200 个屋顶绿化项目，总面积为 20 公顷。其次是华盛顿和马里兰州的苏特兰在屋顶绿化方面也做出了积极贡献。美国著名的屋顶花园有华盛顿水门饭店屋顶花园、美国标准石油公司屋顶花园。

5. 加拿大

非常重视屋顶绿化的宣传和教育。1999 年，加拿大多伦多的公共与工业部门通过组织"为了城市健康的屋顶绿化"活动来提高北美屋顶绿化的水平。大不列颠-哥伦比亚技术研究所承担了通过教育和示范来提高屋顶绿化水平的任务。与此同时，加拿大还建立了屋顶绿化的合作网络、信息交换平台和开展了相关的合作与培训活动。

6. 瑞典

通过各种研究、合作与示范活动推动屋顶绿化的发展。在瑞典南部的马尔默市成立了国际屋顶绿化研究所，其目的是提高斯堪的纳维亚半岛的屋顶绿化水平，使人们认识屋顶绿化在生态、经济、人类健康和环境方面的作用。Augustenborg 植物屋顶花园是该研究所开展屋顶绿化研究和示范的主要研究站点。同时，研究所还编辑和散发屋顶绿化的宣传手册、开展相关的培训和研讨、举办各种形式的展览和会议。其中最重要的是建立了屋顶绿化国际研究网络，专门用于介绍其他国家屋顶绿化的发展，经验和相关信息。

7. 英国

屋顶绿化可以追溯到 20 世纪 30 年代，但是过去的建筑理念和城市规划文化对现代建筑和城市绿化产生了一定制约作用。不过最近 5 年以来，英国开始重新重视屋顶绿化在城市绿色空间中的地位和作用。例如伦敦很多新建楼房的屋顶都种有林阴道，人们步行其中，鸟语花香泉鸣，仿佛置身森林中一般。

此外，俄罗斯、意大利、澳大利亚、瑞士等国的大城市都有千姿百态、风格各异、风景绮丽的屋顶花园。在经济较发达的东南亚，屋顶和阳台绿化也随处可见，例如新加坡把绿化和环境建设作为国家发展的活力之源，作为一项战略资源和重要品牌培育。经过几十年的发展，新加坡已实现了由"园在城中"向"城在园中"的大转变。新加坡的住宅屋顶、酒店屋顶和商用房屋顶花木扶疏、花团锦簇。同时，还注重发展屋顶绿化的植物配置，实现屋顶绿化的多功能效益。在一些经济落后的非洲国家，也可以见到屋顶绿化的例子。例如埃塞俄比亚在屋顶绿化方面做出了积极探索，并且筛选了许多耐贫瘠和干旱的植物作为屋顶绿化的材料。

从国外发达国家屋顶花园的建设及发展历程可以看出：大力宣传屋顶绿化的理念，制定屋顶绿化相关的法律法规和鼓励措施，加强屋顶绿化技术研究和攻关，加强屋顶绿化的监督和管理等措施是保证屋顶花园成功发展的重要保证。

（二）国内

我国有着悠久的建筑史和精美的古代建筑，但在屋顶上大面积种植花木营造花园并不多见。相传我国春秋时代吴王夫差在太湖边建造姑苏台高三百丈，横跨五里，其上不仅栽植美丽的花木，而且还修了人工湖以供划船之用，这被认为是我国最早的屋顶花园。自20世纪60年代起，我国才开始研究屋顶花园和屋顶绿化技术。开展绿化种植最早的是四川省，60年代初，成都、重庆等一些城市的工厂车间、办公楼、仓库等建筑，利用平屋顶的空地开展农副生产，种植瓜果、蔬菜。20世纪70年代，我国第一个屋顶花园在广州东方宾馆10层屋顶建成。它是我国建造最早，并按统一规划设计与建筑物同步建成的屋顶花园。1983年，北京修建了五星级宾馆长城饭店。在饭店主楼西侧低层屋顶上，建起我国北方第一座大型露天屋顶花园。随着我国城市化的加剧，城市建成区绿地面积明显不足的现象日益明显，建设屋顶花园，提高城市的绿化覆盖率，改善城市生态及景观效益已越来越受到重视。重庆、上海、深圳、杭州、长沙、北京、青岛等国内各大城市，屋顶绿化自发地以各种形式展开（图11.1、图11.2，彩图11.1、彩图11.2）。

图11.1　北京王府井王府停车楼屋顶花园

图11.2　青岛某饭店屋顶花园

上海市绿化管理局于2002年11月发布了《关于组织编制屋顶绿化三年实施计划的通知》。2002年6月1日上海市静安区人民政府发布了《关于上海市静安区屋顶绿化实施意见（试行）的通知》，提出从 2002 年起,凡列入当年屋顶绿化实施的项目,每完成 1 平方米奖励 10 元。2007 年,《上海市绿化条例》经由上海市第十二届人民代表大会常务委员会第三十三次会议通过并开始执行,其中第十七条规定:"本市鼓励发展垂直绿化、屋顶绿化等多种形式的立体绿化。新建机关、事业单位以及文化、体育等公共服务设施建筑适宜屋顶绿化的,应当实施屋顶绿化"。2008 年,《上海市屋顶绿化技术规范(试行)》(沪绿 [2008] 25 号)。2009 年上海市推广静安区经验,在全市实施屋顶绿化。每平方米补 10 元(图 11.3,彩图 11.3)。

图 11.3　上海是 20 世纪 90 年代末最早推广轻型屋顶草坪的城市

广东省深圳市人民政府于 1999 年 11 月发布了《深圳市屋顶美化绿化实施办法》,并制定全市屋顶美化绿化的规划和实施办法,组织全市屋顶美化绿化工作的检查、督促和考评。2007 年,由广州市园林科研所编制的广州市地方性技术规范《屋顶绿化技术规范》(DB440100/T 111—2007)经广州市质量技术监督局批准于 2007 年 7 月 1 日起公布实施。该规范的实施对规范屋顶绿化技术评定、保证屋顶绿化质量,提高园林绿化管理水平具有指导作用。

四川省于 1994 年颁布地方标准《蓄水覆土种植屋面工程技术规范》。四川省成都市 2005 年全面实施屋顶绿化方案,力争在今年年底达到人均屋顶绿化面积 0.5 平方米。2005 年 3 月成都市特别规定:成都市五城区、龙泉驿、青白江、新都、温江区以及双流县和郫县范围内新开工的楼房,凡是 12 层楼以下,40 米高度以下的中高层和多层、低层非坡屋顶建筑必须按要求实施屋顶绿化。2005年,成都市园林管理局发布实施了《成都市屋顶绿化及垂直绿化技术导则（试行）》，借鉴了德国经验，从设计报建的源头抓屋顶绿化。2005年，成都市人民政府办公厅转发市建委等部门《关于进一步推进成都市城市空间立体绿化工作实施方案的通知》（成办发[2005] 19号）中特别提出："将屋顶绿化率、垂直绿化面积纳入市、区级园林式社区和园林式单位评选的考核指标体系"（图11.4，彩图11.4）。

图11.4 成都市屋顶绿化

重庆市于2007年制定了《重庆市种植屋面技术规程》（DBJ/T 50-067—2007），作为推荐性工程建设标准，明确了主城区屋面防水工程、绿化植物选择、屋面工程验收等内容，并首次列出适宜重庆主城区屋顶生长的46种植物。以保证主城区屋顶绿化质量，提高城区绿化率。2008年10月起开始实施。

北京市从1983年长城饭店建成北方地区第一座屋顶花园至今，一直在尝试采用新技术进行屋顶绿化。据不完全统计，截至2010年，北京有屋顶绿化的建筑不到城市现有建筑总数的1%。不同时期建筑屋顶绿化目前有几百余处，面积约60万平方米。北京市建成市区可进行绿化的屋顶面积约6979万平方米，其中多层楼屋顶（18米以下）约占70%，高层楼约占30%。为推动立体绿化，2005年北京市政府出台了《北京市屋顶绿化规范》，2010年10月，北京市园林绿化局与多部门协商制定《建筑立体绿化规范政策》，待上报审批后出台。该政策主要针对教育、卫生、机关单位、公共商业等公共建筑设施以及立交桥等公共基础设施。

二、屋顶绿化功能和作用

（1）从城市环境角度来看

① 改善城市环境和气候，缓解城市的"热岛效应"。

全球变暖，不断增加的土地被占用和居住区、工业区和交通所排放的额外热量导致了在城市中温度的不断上升，在城市和周围乡村之间的温差表现就是城市热岛效应（图11.5），在夏天，这个温差将近10℃。热岛效应明显降低了生活质量和影响城市居民的健康。屋顶绿化通过吸收和湿化干燥的空气，从而减少城市热岛效应，这个过程导致了建筑物有良好的局域环境。植物在湿化空气过程中要吸收周围的热量，从而起到降温作用，当屋顶绿化达到50%，这种降温作用会使近1/3的城市降温达2℃。

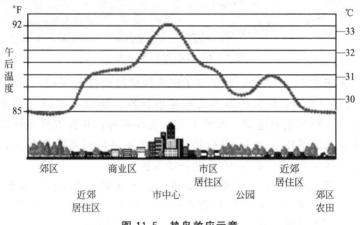

图11.5 热岛效应示意

② 绿化植物可以滞留空气中的尘埃，具有滞尘、杀菌和吸收低浓度污染物及增加空气中负离子的作用，具有很强的空气净化能力和清新能力，达到净化空气的效果。比如1000平方米屋顶绿地年滞留粉尘约160～220千克，降低环境大气含尘量的25%左右。

③ 缓解暴雨所造成的积水、洪涝及其他各种地质灾害以及缓和酸雨的危害。研究结果表明，花园式屋顶绿化可截留雨水64.6%；简单式屋顶绿化可截留雨水21.5%，种植屋面平均可截留

雨水 43.1%。

④ 为鸟类、昆虫等创造适宜的生长环境，有利于生物多样性保护。

⑤ 具有很好的生态效益，即可改善城市的生态环境和增加城市整体美感，提高市民的生活和工作环境质量，达到与环境协调、共存、发展的目的；同时还可提高国土资源的利用率。

（2）从建筑角度来看

① 改善建筑物的外观，遮盖影响视觉效果的屋顶或墙体等。

② 缓解建筑物热胀冷缩而导致屋顶裂纹引起的损害，以及紫外线等导致防水层的老化和渗漏；据研究测定结果，裸露屋顶表面年最大温差达到 58.2℃，而绿化屋顶表面年最大温差仅为 29.2℃，绿化屋顶与裸露屋顶的年最大温差相差 29℃。

③ 有效地降低屋顶结构层表面的温度，可以有效降低夏季空调能耗，达到节约能源的目的。

④ 火灾发生时，起到保护建筑物和燃烧延迟的作用。

⑤ 对于商业性建筑物，可以达到改善环境、吸引客流的目的。

⑥ 对于办公写字楼和工厂厂房等建筑，可以最大限度地利用建筑空间，建成供员工小憩的"屋顶花园"。

（3）从使用者角度来看

① 改善周围环境，起到视线遮挡，保护私密性的作用。

② 可以减噪和防风，同时可以有效地减小建筑物墙体的日光反射。

③ 绿化环境可以缓解人们精神上和身体上的紧张和疲劳感。

④ 为人们提供进行栽培、园艺活动的场所，丰富人们的生活，怡情养性。

第二节 屋顶绿化的植物选择

一、植物选择的原则

和传统的绿化相比，屋顶绿化具有其特殊性：首先屋顶绿化与大地隔离，因此屋顶种植的植物所需水分完全依靠自然降水和人工浇灌；由于建筑结构的要求，屋顶供种植的土层厚度不能太厚；由于屋顶种植土层薄，土壤温度随周围的环境气候变化幅度大，植物生长的环境困难；屋顶风力比较大，故屋顶栽植的植物种类随着屋顶的高度不同受到不同程度的限制。因此，屋顶绿化植物选择必须从屋顶的环境出发，首先考虑到满足植物生长的基本要求，然后才能考虑到植物配置艺术。屋顶绿化植物材料选择的原则包括以下几点。

(1) 遵循植物多样性原则　在条件允许的情况下，尽可能创造出多层次的园林景观。据调查，花园式屋顶绿化在减少太阳二次辐射、滞尘、截留雨水等方面都要远高于简单式园林绿化，其综合生态效益更高。

(2) 遵循植物适应性原则　由于屋顶绿化是高空作业，光照、温度、湿度、风力等因素限制了植物材料的选择。根据各地气候情况，选择抗旱、抗寒、耐高温、抗强风、耐瘠薄等抗逆性、适应性较强的植物（如景天属植物）进行种植。

(3) 选择低荷载植物　以小乔木、低矮灌木、草坪、地被植物和攀缘植物为主，减少大乔木的应用，以降低屋顶承重和防水以及植物施工和养护的成本费用。

(4) 选择易管理植物，降低屋顶绿化的建设维护成本　首先选择须根发达的植物，避免选择直根系植物或根系穿刺性较强的植物，以防止植物根系穿透防水层；其次选择易移植、耐修剪、生长缓慢的植物，避免植物长大后对建筑静荷载的影响；最后应满足减少或防止屋顶渗漏及种植后起码有 10 年以上自然生长期的要求。

(5) 选择环保型植物　选择抗污染性强，可耐受、吸收、滞留有害气体或污染物质的植物。

二、屋顶绿化植物类型

根据生态景观要求和土壤基质厚度的差异，从植物应用的角度出发，可将屋顶绿化分为草地式和群落式两类。草地式屋顶绿化以栽植低矮的草本植物为主，形成近屋顶表面植被层的屋顶绿化形式；群落式屋顶绿化以应用乔木、灌木、藤本、草本等两种以上的植物类型，形成种类多样、层次丰富的屋顶绿化类型。因此，在绿化植物选择上，应针对不同的屋顶绿化类型，选择适宜的绿化植物。

不同类别的绿化植物根系分布深度大致如下：草坪草约10厘米、草本地被约20～40厘米，小灌木约30～50厘米，大灌木约60～150厘米，小乔木约100～150厘米，大乔木多在150厘米以上。因此，屋顶绿化应尽量采用低矮灌木、草坪、地被植物和攀缘植物，原则上不栽植大型乔木，有条件时可少量种植耐旱小乔木。这不仅有利于降低营造和维护成本，也是适应屋顶土壤基质厚度有限的特点。另外，不宜选用根系穿透性较强的植物，防止植物根系穿透建筑防水层，如竹类植物。

在楼房顶层的绿化中，一般没有休闲功能要求，也不对外开放，宜采用单纯绿化形式，可采用草地式绿化，以发挥生态功能为主。适宜栽植的植物有佛甲草、垂盆草、凹叶景天、德国景天、大花马齿苋、金叶过路黄、画眉草、雀麦、葛藤等植物。

在裙楼、架空层、低层商业和单位楼房楼顶等屋顶绿化中，多将屋顶绿化与休闲、健身乃至商务活动相结合，屋顶绿化多采用花园式或组合式，植物应用也采用群落式，可选择的绿化植物比较多样。根据屋顶绿化土壤基质厚度，选择不同的植物，合理配置。

在土层厚度小于100厘米的屋顶，宜选择小灌木和草本植物，可选择的绿化植物有以下几种。

(1) 灌木 通常指具有美丽芳香的花朵或有艳丽叶色和果实的灌木，也可以包括一些观叶的植物材料，常用的有以下各种。

色叶灌木：红叶石楠、金边黄杨、红花檵木、洒金桃叶珊瑚、红枫、金叶小檗、紫叶小檗、欧洲小檗、花叶胡颓子。

花灌木：月季、铁海棠、茶梅、山茶、紫薇、杜鹃、美国连翘、凤尾兰、棣棠、蜡梅、伞房决明、金雀花、溲疏、红瑞木、夹竹桃、金丝桃、石榴、大花醉鱼草、牡荆、大花六道木、金银忍冬、金钟、迎春、云南素馨、地中海荚蒾等。

观果植物：南天竹、火棘、枸子、番茄等。

（2）藤蔓类　可以攀缘或悬垂在各种支架上，是屋顶绿化中各种棚架、栅栏、女儿墙、宫门、山石和垂直绿化的材料，可以提高屋顶绿化质量，丰富屋顶的景观，美化建筑立面等，多用作屋顶上的垂直绿化。常用的有以下各种。

金银花、黄馨、浓香探春、常春藤、花叶蔓长春花、葡萄、络石、紫藤、藤本月季、腺萼南蛇藤、扶芳藤、猕猴桃、凌霄、布朗忍冬、西番莲、茑萝、牵牛花、观赏瓜类等。

（3）常绿植物　罗汉松、五针松、铺地柏、大叶黄杨、瓜子黄杨、海桐、八角金盘、龟甲冬青、雀梅、蚊母、阔叶十大功劳、湖北十大功劳、无刺构骨、胡颓子、匍枝亮绿忍冬等。

（4）地被植物　指能够覆盖地面的低矮植物，其中草坪是较多应用的种类，宿根的地被植物具有低矮开展或者匍匐的特性，繁殖容易，生长迅速，能够适应各种不同的环境。常用的地被植物有如下几种。

草本花卉：景天类、大花萱草、迷迭香、红花酢浆草、红甜菜、美人蕉、天竺葵、金盏菊、紫茉莉、石竹、旱金莲、千日红、大丽花等。

草坪类：如狗牙根、天鹅绒、马尼拉、白三叶、马蹄金、野牛草、黑麦草等。

在土层厚度大于 100 厘米的屋顶，可适当选择大灌木和小乔木，但生长高度不宜超过 5 米，如桂花、日本晚樱、珊瑚、枇杷、红叶李、木槿、杨梅、石楠、木瓜、垂丝海棠等。

北京地区屋顶绿化部分植物种类参考见表 11.1。

三、植物种植

1. 种植方式

（1）覆盖式绿化　根据建筑荷载较小的特点，利用耐旱草坪、地被、灌木或可匍匐的攀缘植物进行屋顶覆盖绿化。

（2）固定种植池绿化　根据建筑周边圈梁位置荷载较大的特点，在屋顶周边女儿墙一侧固定种植池，利用植物直立、悬垂或匍匐的特性，种植低矮灌木或攀缘植物。

表 11.1 推荐北京地区屋顶绿化部分植物种类

乔木

油松	阳性,耐旱、耐寒;观树形	玉兰[①]	阳性,稍耐阴;观花、叶
华山松[①]	耐阴;观树形	垂枝榆	阳性,极耐旱;观树形
白皮松	阳性,稍耐阴;观树形	紫叶李	阳性,稍耐阴;观花、叶
西安桧	阳性,稍耐阴;观树形	柿树	阳性,耐旱;观果、叶
龙柏	阳性,不耐盐碱;观树形	七叶树[①]	阳性,耐半阴;观树形、叶
桧柏	偏阴性;观树形	鸡爪槭[①]	阳性,喜湿润;观叶
龙爪槐	阳性,稍耐阴;观树形	樱花[①]	喜阳;观花
银杏	阳性,耐旱;观树形、叶	海棠类	阳性,稍耐阴;观花、果
栾树	阳性,稍耐阴;观枝叶果	山楂	阳性,稍耐阴;观花

灌木

珍珠梅	喜阴;观花	碧桃类	阳性;观花
大叶黄杨[①]	阳性,耐阴、较耐旱;观叶	迎春	阳性,稍耐阴;观花、叶、枝
小叶黄杨	阳性,稍耐阴;观叶	紫薇[①]	阳性;观花、叶
凤尾丝兰	阳性;观花、叶	金银木	耐阴;观花、果
金叶女贞	阳性,稍耐阴;观叶	果石榴	阳性,耐半阴;观花、果、叶
红叶小檗	阳性,稍耐阴;观叶	紫荆[①]	阳性,耐阴;观花、枝
矮紫杉[①]	阳性;观树形	平枝栒子	阳性,耐半阴;观果、叶、枝
连翘	阳性,耐半阴;观花、叶	海仙花	阳性,耐半阴;观花
榆叶梅	阳性,耐寒、耐旱;观花	黄栌	阳性,耐半阴、耐旱;观花、叶
紫叶矮樱	阳性;观花、叶	锦带花类	阳性;观花
郁李[①]	阳性,稍耐阴;观花、果	天目琼花	喜阴;观果
寿星桃	阳性,稍耐阴;观花、叶	流苏	阳性,耐半阴;观花、枝
丁香类	稍耐阴;观花、叶	海州常山	阳性,耐半阴;观花、果
棣棠[①]	喜半阴;观花、叶、枝	木槿	阳性,耐半阴;观花
红瑞木	阳性;观花、果、枝	腊梅[①]	阳性,耐半阴;观花
月季类	阳性;观花	黄刺玫	阳性,耐寒、耐旱;观花
大花绣球[①]	阳性,耐半阴;观花	猬实	阳性;观花

地被植物

玉簪类	喜阴,耐寒、耐热;观花、叶	大花秋葵	阳性;观花
马蔺	阳性;观花、叶	小菊类	阳性;观花
石竹类	阳性,耐寒;观花、叶	芍药[①]	阳性,耐半阴;观花、叶
随意草	阳性;观花	鸢尾类	阳性,耐半阴;观花、叶
铃兰	阳性,耐半阴;观花、叶	萱草类	阳性,耐半阴;观花、叶
荚果蕨[①]	耐半阴;观叶	五叶地锦	喜阴湿;观叶;可匍匐栽植
白三叶	阳性,耐半阴;观叶	景天类	阳性耐半阴,耐旱;观花、叶
小叶扶芳藤	阳性,耐半阴;观叶;可匍匐栽植	京八常春藤[①]	阳性,耐半阴;观叶;可匍匐栽植
砂地柏	阳性,耐半阴;观叶	苔尔曼忍冬[①]	阳性,耐半阴;观花、叶;可匍匐栽植

①为在屋顶绿化中,需一定小气候条件下栽植的植物。

资料来源:《屋顶绿化规范》北京市地方标准 DB11/T 281—2005。

（3）可移动容器绿化　根据屋顶荷载和使用要求，以容器组合形式在屋顶上布置观赏植物，可根据季节不同随时变化组合。

2. 种植基质的选择

植物种植基质的最小生存（繁育）厚度为：地被15～30厘米，花卉和小灌木30～45厘米，小乔木60～90厘米，大乔木90～150厘米，这个厚度是满足其生存和繁育期所需的最低土层厚度，所以，基质厚度一般应大于此最小值。

屋顶花园的静荷载中，以种植基质的荷重最大，所以要在满足植物生长的情况下，尽量减轻基质重量，包括选择种植基质的厚度和材料，关键要选一些轻质材料如稻壳灰、锯木屑、蛭石、蚯蚓土、珍珠岩、炭渣、泥炭土、泡沫有机树脂制品等。在应用时要根据各种基质的特点，以及一定的要求与原则适当选择，合理搭配。

（1）稻壳灰　干重密度为100千克/立方米，水饱和时密度为230千克/立方米，含钾肥较多，通风透水性能较好，可与腐殖土混用。

（2）锯木屑　水饱和后密度为584千克/立方米，重量轻，木屑表面粗糙孔隙多，有一定的保水、保肥能力，富含有机质和微量元素，价格便宜，取材易；不足是木屑轻、易被风卷走，且浇水后会发酵，产生有机酸和热量，对植物生长不利。应在夏季堆放浇水加入少量石灰发酵腐熟后再用。

（3）蛭石　水饱和时密度为650千克/立方米，疏松透气，保水排水性好，有一定保肥能力，但易风化，本身缺肥力，只能与腐殖土混用。

（4）珍珠岩　水饱和时密度为290千克/立方米，粒小而轻，结构稳定，不易破碎，颗粒间隙度大，故保水、排水性强，但本身肥力低，要与腐殖土混用。

（5）泥炭土　含有大量腐烂植物，肥力高，呈酸性，质地轻松，有团粒结构，保水力强；缺点是含水力强，水饱和密度大，不能单独在楼顶花园上使用，应和其他轻质材料如蛭石、珍珠岩等混用，才能形成理想的轻质材料。

第三节 屋顶绿化的设计

一、屋顶绿化的类型

屋顶绿化可以按照人能不能上去分为简单式屋顶绿化和花园式屋顶绿化（表11.2）。

① 简式轻型的绿化，以草坪为主，配置多种地被植物和花灌木等植物，讲求景观色彩。

② 花园式复合型绿化。这种绿化通常采用国际上通行的新技术，铺设阻根防水层、蓄排水层、轻型营养基质，选用耐干旱、绿期长、浅根系、生长缓慢的植物种类，乔灌花草、山石水、亭廊榭合理布置，其间可点缀园林小品，犹如地上的花园一般。

值得一提的是最近兴起的一种移动式屋顶绿化技术。这种技术使用可移动的一体化屋顶绿化模块，施工上更为简单，而且可拆卸替换的特征使养护管理更易操作。

表11.2 屋顶绿化类型和荷载要求

类　　型	花园式屋顶绿化	简单式屋顶绿化
主要特征	根据屋顶具体条件,选择小型乔木、低矮灌木和草坪、地被植物进行屋顶绿化植物配置,设置园路、座椅和园林小品等,提供一定的游览和休憩活动空间的复杂绿化	利用低矮灌木或草坪、地被植物进行屋顶绿化,不设置园林小品等设施,一般不允许非维修人员活动的简单绿化
适用范围、特点	①建筑静荷载≥250千克/平方米,可以充分发挥屋顶绿化的生态效益、提高人在屋顶活动的舒适性;②构造层厚度25～100厘米,屋面排水坡度必须小于10%;③屋顶绿化面积应占屋顶总面积的60%～70%以上;④乔灌木∶草坪地被植物=6∶4或7∶3	①建筑静荷载≥100千克/平方米,可以解决旧建筑屋顶荷载小、防水薄弱、灌溉不便、管护不利等问题;②构造层厚度25～40厘米。屋面排水坡度必须小于10%

资料来源:《屋顶绿化规范》北京市地方标准 DB11/T 281—2005。

不同类型的屋顶绿化应有不同的设计内容，屋顶绿化要发挥绿化的生态效益，应有相宜的面积指标作保证。根据相关屋顶绿化规范规定，屋顶绿化的建议性指标见表 11.3。

表 11.3　屋顶绿化建议性指标

花园式屋顶绿化	绿化屋顶面积占屋顶总面积	≥60%
	绿化种植面积占绿化屋顶面积	≥85%
	铺装园路面积占绿化屋顶面积	≤12%
	园林小品面积占绿化屋顶面积	≤3%
简单式屋顶绿化	绿化屋顶面积占屋顶总面积	≥80%
	绿化种植面积占绿化屋顶面积	≥90%

资料来源：《屋顶绿化规范》北京市地方标准 DB11/T 281—2005。

二、屋顶绿化施工操作

对于不同的屋顶，其绿化方式有不同的要求。

1. 简单式屋顶绿化

建筑受屋面本身荷载或其他因素的限制，不能进行花园式屋顶绿化时，可进行简单式屋顶绿化，主要是通过绿化发挥屋顶绿化的生态作用。简单式屋顶绿化的建筑静荷载要大于 100 千克/平方米，建议性指标参见表 11.2、表 11.3。

简单式屋顶绿化的施工方法如下。

施工的屋顶要设置独立的出入口和安全通道，必要时设置专门的疏散楼梯。绿化前要根据屋顶的承重情况，准确核算各项绿化组成的重量。按照施工防水的要求，做好防水层的工作。根据屋顶情况，屋顶四周砌好围挡，高度在 15 厘米左右，在围挡底部每隔一段距离留一个排水孔用于排水。

种植区构造层由下至上分别由防水层、隔根层、排蓄水层、隔离过滤层、基质层组成。

（1）铺设隔根层　绿化施工前先将屋顶表面清扫干净，在防水层的上方铺设隔根层，紧贴围挡展开隔根层，铺平，隔根层一般使用高密度聚乙烯，用于阻止植物根系向下发展，避免穿透建筑防水层，造成屋面渗漏。两个隔根层的搭接宽度在 10 厘米以上，防止根部从两个搭接缝之间穿过。

（2）铺设排蓄水层和过滤层　将排蓄水层和过滤层铺在隔根层上方，两个隔根层要对齐，两个过滤层之间的搭接部分要达到10厘米以上，防止水土从缝隙处流失。

排蓄水层用于改善基质的通气状况，迅速排出多余水分，并可以储存少量的水分。

过滤层一般采用既能透水又能过滤的聚酯纤维无纺布等材料，用于阻止基质进入防水层。

（3）铺设基质层　使用的基质为黄土和草炭土，按照3∶2的比例搅拌均匀。把基质倒在过滤层上面，厚度在5～8厘米，基质要搂平压实。基质铺完后，就可以铺设草块了。

（4）种植植物　如果只是铺设草块，首先要把草块铺在基质层上方，两个草块之间采用对接的方法，注意纹理的统一。草块铺完后，及时浇水。在一周之内，都要保持土壤的湿润，促使草块尽快地恢复生长。

简单式屋顶绿化施工流程参见图11.6。

2. 花园式屋顶绿化

只能在具有足够荷载和良好防水性能的上人屋顶上建造，花园式屋顶绿化实际上是将地面花园建到建筑屋顶上，植物造景，水池，假山石，廊架等园林小品均可在屋顶上建造，一般花园式屋顶绿化在宾馆、酒店、大型商办楼、新建学校、新建住宅屋顶上运用比较多。按照景观、生态、休闲功能需要，配置以绿色植物、花坛、草坪、道路、亭廊、水池、座椅、健身设施等，供人们休憩，进行娱乐活动。

花园式屋顶绿化建筑静荷载应大于等于250千克/平方米。乔木、园亭、花架、山石等较重的物体应设计在建筑承重墙、柱、梁的位置。

花园式屋顶绿化以植物造景为主，应采用乔、灌、草结合的复层植物配植方式，产生较好的生态效益和景观效果。花园式屋顶绿化建议性指标参见表11.2、表11.3。

（1）设计原则　由于屋顶花园的空间布局受到建筑固有平面的限制和建筑结构承重的制约，与露地造花园相比，其设计既复杂又

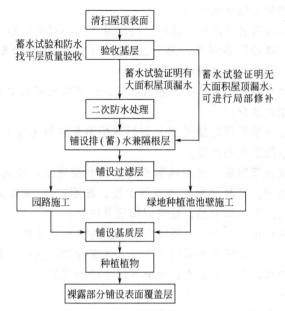

图 11.6 简单式屋顶绿化施工流程示意

资料来源:《屋顶绿化规范》北京市地方标准 DB11/T 281—2005。

关系到相关工种的协同,建筑设计、建筑构造、建筑结构和水电等工种配合的协调是屋顶花园成败的关键。由此可见,屋顶花园的规划设计是一项难度大、限制多的园林规划设计项目。

① 实用是屋顶花园的造园目的 衡量一座屋顶花园的好坏,除满足不同的使用要求外,绿化覆盖率指标必须保证在 50% ～70%,以发挥绿化的生态效益,环境效益和经济效益。

② 精美是屋顶花园的特色 屋顶花园要为人们提供优美的游憩环境,因此,它应比露地花园建造得更精美。屋顶花园的景物配置、植物选配均应是当地的精品,并精心设计植物造景的特色。由于场地窄小,道路迂回,屋顶上的游人路线、建筑小品的位置和尺度,更应仔细推敲,既要与主体建筑物及周围大环境保持协调一致,又要有独特的园林风格。

③ 安全是屋顶花园的保证 建筑物能安全地承受屋顶花园所加的荷重,如植物土壤和其他设施的重量。此外,屋顶的防水也要

注意。屋顶花园的造园过程是在已完成的屋顶防水层上进行，园林小品、土木工程施工和经常的种植耕种作业，极易造成破坏，使屋顶漏水，引起极大的经济损失，以至成为建筑屋顶花园的社会阻力，应引起足够重视。另外，屋顶上建造花园必须设有牢固的防护措施，以防人、物落下。

（2）花园式屋顶绿化施工操作　花园式屋顶绿化应设置独立出入口和安全通道，必要时应设置专门的疏散楼梯。为防止高空物体坠落和保证游人安全，还应在屋顶周边设置高度在80厘米以上的防护围栏。同时要注重植物和设施的固定安全。花园式屋顶绿化施工流程参见图11.7。

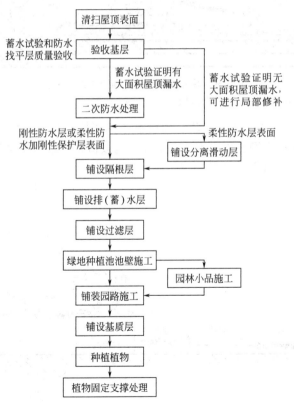

图 11.7　花园式屋顶绿化施工流程示意

① 种植区构造层　种植区构造层由上至下分别由植被层、基质层、隔离过滤层、排（蓄）水层、隔根层、分离滑动层等组成。构造剖面示意见图 11.8。

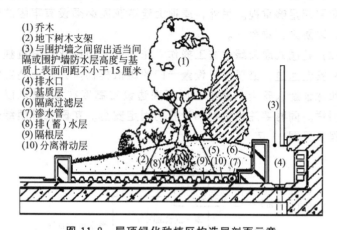

(1) 乔木
(2) 地下树木支架
(3) 与围护墙之间留出适当间隔或围护墙防水层高度与基质上表面间距不小于15厘米
(4) 排水口
(5) 基质层
(6) 隔离过滤层
(7) 渗水管
(8) 排（蓄）水层
(9) 隔根层
(10) 分离滑动层

图 11.8　屋顶绿化种植区构造层剖面示意

资料来源：《屋顶绿化规范》北京市地方标准 DB11/T 281—2005。

a. 植被层。通过移栽、铺设植生带和播种等形式种植的各种植物，包括小型乔木、灌木、草坪、地被植物、攀缘植物等。屋顶绿化植物种植方法见图 11.9、图 11.10。

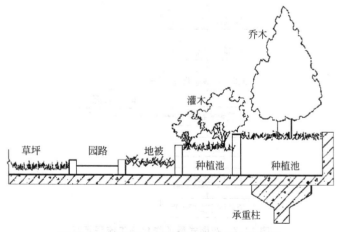

图 11.9　屋顶绿化植物种植池处理方法示意

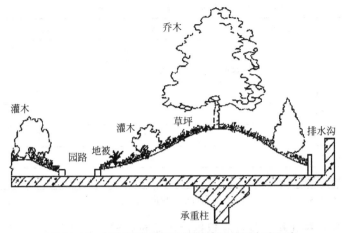

图 11.10 屋顶绿化植物种植微地形处理方法示意

资料来源：《屋顶绿化规范》北京市地方标准 DB11/T 281—2005。

b. 基质层。是指满足植物生长条件，具有一定的渗透性能、蓄水能力和空间稳定性的轻质材料层。对基质理化性状有一定的要求，其要求参见表 11.4。

基质主要包括改良土和超轻量基质两种类型。改良土由田园土、排水材料、轻质骨料和肥料混合而成；超轻量基质由表面覆盖层、栽植育成层和排水保水层三部分组成。目前常用的改良土与超轻量基质的理化性状见表 11.5。

表 11.4　基质理化性状要求

理化性状	要求
湿容重	450～1300 千克/立方米
非毛管孔隙度	＞10％
pH 值	7.0～8.5
含盐量	＜0.12％
全氮量	＞1.0 克/千克
全磷量	＞0.6 克/千克
全钾量	＞17 克/千克

资料来源：《屋顶绿化规范》北京市地方标准 DB11/T 281—2005。

表 11.5　常用改良土与超轻量基质理化性状

理化指标		改良土	超轻量基质
容重/(千克/立方米)	干容重	550～900	120～150
	湿容重	780～1300	450～650
热导率/[W/(m·K)]		0.5	0.35
内部孔隙率		5%	20%
总孔隙率		49%	70%
有效水分		25%	37%
排水速率/(毫米/小时)		42	58

资料来源:《屋顶绿化规范》北京市地方标准 DB11/T 281—2005。

　　屋顶绿化基质荷重应根据湿容重进行核算，不应超过 1300 千克/立方米。常用的基质类型和配制比例参见表 11.6，可在建筑荷载和基质荷重允许的范围内，根据实际酌情配比。

表 11.6　常用基质类型和配制比例参考

基质类型	主要配比材料	配制比例	湿容重/(千克/立方米)
改良土	田园土,轻质骨料	1:1	1200
	腐叶土,蛭石,沙土	7:2:1	780～1000
	田园土,草炭(蛭石和肥)	4:3:1	1100～1300
	田园土,草炭,松针土,珍珠岩	1:1:1:1	780～1100
	田园土,草炭,松针土	3:4:3	780～950
	轻砂壤土,腐殖土,珍珠岩,蛭石	2.5:5:2:0.5	1100
	轻砂壤土,腐殖土,蛭石	5:3:2	1100～1300
超轻量基质	无机介质	—	450～650

注: 基质湿容重一般为干容重的 1.2～1.5 倍。

资料来源:《屋顶绿化规范》北京市地方标准 DB11/T 281—2005。

　　c. 隔离过滤层。隔离过滤层一般采用既能透水又能过滤的聚酯纤维无纺布等材料，用于阻止基质进入排水层，造成水土流失和建筑屋顶排水系统的堵塞。

　　隔离过滤层铺设在基质层下，搭接缝的有效宽度应达到 10～20

厘米，并向建筑侧墙面延伸至基质表层下方 5 厘米处。

d. 排（蓄）水层。一般包括排（蓄）水板、陶砾（荷载允许时使用）和排水管（屋顶排水坡度较大时使用）等不同的排（蓄）水形式，用于改善基质的通气状况，迅速排出多余水分，有效缓解瞬时压力，并可蓄存少量水分。

排（蓄）水层铺设在过滤层下。应向建筑侧墙面延伸至基质表层下方 5 厘米处。铺设方法见图 11.11。

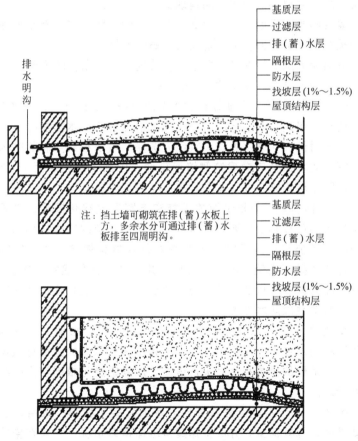

图 11.11　屋顶绿化排（蓄）水板铺设方法示意

资料来源：《屋顶绿化规范》北京市地方标准 DB11/T 281—2005。

施工时应根据排水口设置排水观察井，并定期检查屋顶排水系统的通畅情况。及时清理枯枝落叶，防止排水口堵塞造成壅水倒流。

e. 隔根层。一般有合金、橡胶、PE（聚乙烯）和 HDPE（高密度聚乙烯）等材料类型，用于防止植物根系穿透防水层。

隔根层铺设在排（蓄）水层下，搭接宽度不小于 100 厘米，并向建筑侧墙面延伸 15～20 厘米。

f. 分离滑动层。一般采用玻纤布或无纺布等材料，用于防止隔根层与防水层材料之间产生粘连现象。

柔性防水层表面应设置分离滑动层；刚性防水层或有刚性保护层的柔性防水层表面，分离滑动层可省略不铺。

分离滑动层铺设在隔根层下。搭接缝的有效宽度应达到 10～20 厘米，并向建筑侧墙面延伸 15～20 厘米。

g. 屋面防水层。屋顶绿化防水做法应符合 DBJ 01-93—2004 要求，达到二级建筑防水标准。绿化施工前应进行防水检测并及时补漏，必要时做二次防水处理。宜优先选择耐植物根系穿刺的防水材料。铺设防水材料应向建筑侧墙面延伸，应高于基质表面 15 厘米以上。防水层的施工要点及注意事项见后面内容。

② 园林小品　为提供游憩设施和丰富屋顶绿化景观，必要时可根据屋顶荷载和使用要求，适当设置园亭、花架等园林小品。园林小品设计要与周围环境和建筑物本体风格相协调，适当控制尺度。材料选择应质轻、牢固、安全，并注意选择好建筑承重位置。园林小品与屋顶楼板的衔接和防水处理，应在建筑结构设计时统一考虑，或单独做防水处理。

a. 水池。屋顶绿化原则上不提倡设置水池，必要时应根据屋顶面积和荷载要求，确定水池的大小和水深。水池的荷重可根据水池面积、池壁的重量和高度进行核算。池壁重量可根据使用材料的密度计算。

b. 景石。景石应优先选择塑石等人工轻质材料。采用天然石材要准确计算其荷重，并应根据建筑层面荷载情况，布置在楼体承重柱、梁之上。

③ 园路铺装　设计手法应简洁大方，与周围环境相协调，追

求自然朴素的艺术效果。材料选择以轻型、生态、环保、防滑材质为宜。

④ 照明系统　花园式屋顶绿化可根据使用功能和要求，适当设置夜间照明系统。简单式屋顶绿化原则上不设置夜间照明系统。屋顶照明系统应采取特殊的防水、防漏电措施。

⑤ 植物防风固定技术　种植高于 2 米的植物应采用防风固定技术。植物的防风固定方法主要包括地上支撑法和地下固定法，见图 11.12、图 11.13。

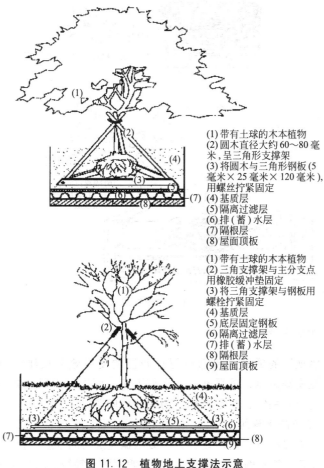

(1) 带有土球的木本植物
(2) 圆木直径大约 60～80 毫米，呈三角形支撑架
(3) 将圆木与三角形钢板 (5 毫米×25 毫米×120 毫米)，用螺丝拧紧固定
(4) 基质层
(5) 隔离过滤层
(6) 排 (蓄) 水层
(7) 隔根层
(8) 屋面顶板

(1) 带有土球的木本植物
(2) 三角支撑架与主分支点用橡胶缓冲垫固定
(3) 将三角支撑架与钢板用螺栓拧紧固定
(4) 基质层
(5) 底层固定钢板
(6) 隔离过滤层
(7) 排 (蓄) 水层
(8) 隔根层
(9) 屋面顶板

图 11.12　植物地上支撑法示意

(1) 带有土球的树木
(2) 钢板、Φ=3螺栓固定
(3) 扁铁网固定土球
(4) 固定弹簧绳
(5) 固定钢架（依土球大小而定）

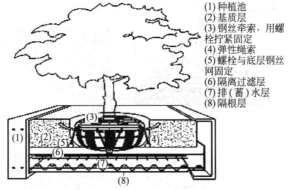

(1) 种植池
(2) 基质层
(3) 钢丝牵索，用螺栓拧紧固定
(4) 弹性绳索
(5) 螺栓与底层钢丝网固定
(6) 隔离过滤层
(7) 排（蓄）水层
(8) 隔根层

图 11.13　植物地下固定法示意

三、防水层的施工

防水处理的成败直接影响屋顶花园的使用效果及建筑物的安全，一旦发现漏水，就得部分或全部返工。所以防水层的处理是屋顶花园的技术关键，也是人们最为关注的问题。

1. 建筑防水等级

设计人员在进行防水设计时，要根据建筑物的性质、重要程度、使用功能要求等来确定防水等级，然后根据防水等级、防水层耐用年限来选用防水材料和进行构造设计。工程防水等级分为四级。

Ⅰ级：不允许渗水，结构表面无湿渍。

Ⅱ级：不允许漏水，结构表面可有少量湿渍。

工业与民用建筑：湿渍总面积不大于总防水面积的1%，单个湿渍面积不大于0.1平方米，任意100平方米防水面积不超过一处。

其他地下工程：湿渍总面积不大于防水面积的6%，单个湿渍面积不大于0.2平方米，任意100平方米防水面积不超过4处。

Ⅲ级：有少量漏水点，不得有线流和漏泥砂。

单个湿渍面积不大于0.3平方米，单个漏水点的漏水量不大于2.5升/天，任意100平方米防水面积不超过7处。

Ⅳ级：有漏水点，不得有线流和漏泥砂。整个工程平均漏水量不大于2升/(平方米·天)，任意100平方米防水面积的平均漏水量不大于4升/(平方米·天)。

2. 防水层的施工要点及注意事项

无论是原设计建造屋顶花园，或是在已建房屋的可上人屋顶上增建屋顶花园，屋顶花园在建造过程中和建成后的日常使用中，均易破坏屋顶的防水和排水系统，造成屋顶漏水。其原因主要包括：原屋顶防水层存在缺陷、建造屋顶花园时破坏了原防水层、屋顶花园的浇灌用水、水池、喷泉等水体用水水源多。

防水层的施工要点及注意事项包括以下几个方面。

① 做防水实验和保证良好的排水系统　建造屋顶花园，必须进行二次防水处理。首先，要检查原有的防水性能：封闭出水口，再灌水，进行96小时（4天4夜）的严格闭水试验。闭水试验中，要仔细观察房间的渗漏情况，有的房屋连续闭水3天不漏，第四天才开始渗漏。若能保证96小时不漏，说明屋面防水效果好。这种防水效果，也只适用于非屋顶花园的情况。防水层是保证屋顶不漏的关键技术问题，但屋顶防水和排水是一个屋顶花园的两个方面，因此还必须处理好屋顶的排水系统。在屋顶园林工程中，种植池、水池和道路场地施工时，应遵照原屋顶排水系统，进行规划设计，不应封堵、隔绝或改变原排水口和坡度。特别是大型种植池排水层下的排水管道，要与屋顶排水口配合，注意相关的标准差，种植池

排水层下的排水管道要与屋顶排水口配合，注意相关的标高差，使种植池内的多余灌水能顺畅排出。

② 不损伤原防水层　实施二次防水处理，最好先取掉屋顶的架空隔热层，取隔热层时，不得撬伤原防水层。取后要清扫、冲洗干净，以增强附着力。在一般情况下，不允许在已建成的屋顶防护水层上再穿孔洞与管线、预埋铁件与埋设支柱。因此，在新建房屋的屋顶上建屋顶花园时，应由园林设计部门提供屋顶花园的有关技术资料。如将欲留孔洞和欲埋件等资料提供给结构设计单位，并由他们将有关要求反映到建筑结构的施工图中，以便建筑施工中实现屋顶花园的各项技术要求。如果在旧建筑物上增建屋顶花园，无论是哪种做法的屋面防水层，均不得在屋顶上穿洞打孔、埋设铁件和支柱。即使一般设备装置也不能在屋顶上"生根"，只能采取其他措施使它们"浮摆"在屋面上。

③ 重视防水层的施工质量　目前屋顶花园的防水处理方法主要有刚、柔之分，各有特点。由于蛭石栽培对屋盖有很好的养护作用，此时屋顶防水最好采用刚性防水。宜先做涂膜防水层，再做刚性防水层，其做法可参照标准设计的构造详图。刚性防水层主要是屋面板上铺 50 毫米厚细石混凝土，内放 $\phi4@200$ 双向钢筋网片 1 层，所用混凝土中可加入适量微膨胀剂、减水剂、防水剂等，以提高其抗裂、抗渗性能。这种防水层比较坚硬，能防止根系发达的乔灌木穿透，起到保护屋顶的作用，而且使整个屋顶有较好的整体性，不宜产生裂缝，使用寿命也较长，比柔性卷材防水层更适合建造屋顶花园。屋面四周应设置砖砌挡墙，挡墙下部设泄水孔和天沟。当种植屋面为柔性防水层时，上面还应设置 1 层刚性保护层。也就是说，屋面可以采用 1 道或多道（复合）防水设防，但最上面一道应为刚性防水层，屋面泛水的防水层高度应高出溢水口 100 毫米。

刚性防水层因受屋顶热胀冷缩和结构楼板受力变形等影响，易出现不规则的裂缝，而造成刚性屋顶防水的失败。为解决这个问题，除 30～50 毫米厚的细石混凝土中配置钢丝或钢筋网外，一般还可用设置浮筑层和分格缝等方法解决。所谓浮筑层即隔离层，将刚性防水层和结构防水层分开以适应变形的活动。构造做法是在楼板找平层上，铺1层干毡或废纸等以形成一隔离层，然后再做干性防水层。也可利用楼板上的保温隔热层或沙子灰等松散材料形成隔离层，然后再做刚性防水层。干性防水层的分格缝是根据温度伸缩和结构梁板变形等因素确定的，按一定分格预留20毫米宽的缝，为便于伸缩在缝内填充油膏胶泥。需要注意的是：由于刚性防水层的分格缝施工质量往往不易保证，除女儿墙泛水处应严格要求做好分格缝外，屋面其余部分可不设分格缝。屋面刚性防水层最好一次全部浇捣完成，以免渗漏。防水层表面必须光洁平整，待施工完毕，刷2道防水涂料，以保证防水层的保护层设计与施工质量。要特别注意防水层的防腐蚀处理，防水层上的分格缝可用"一布四涂"盖缝，并选用耐腐蚀性能好的嵌缝油膏。不宜种植根系发达，对防水层有较强侵蚀作用的植物，如松、柏、榕树等。

④ 注意材料质量　合理的选材是达到技术经济综合效果的关键。其主要原则是根据建筑物重要性选择其结构、地理位置、气候条件、防水等级、防水层构造、防水部位和细部构造等；根据当地的气候特征选择防水材料；根据防水材料的性能、防水等级的要求，确定防水层的厚度。现在防水材料品种繁多，产品质量差异很大。设计人员应充分了解这些材料的性能，正确选择优质的防水材料，组成既经济合理，又能充分发挥效果的防水层。大型工程的屋面，特别是高层建筑的屋面应选用高档或中高档的防水材料，使它与建筑物的等级、标准相适应。

应选择高温不流淌、低温不碎裂、不宜老化、防水效果好的防水材料。刚性多层抹面水泥砂浆防水层宜采用标号不低于原325#的普通硅酸盐水泥和膨胀水泥，亦可采用矿渣硅酸盐水泥；砂采用粒径1～3毫米粗砂，要求砂料坚硬、粗糙、洁净；水泥浆和水泥砂浆的配合比应根据防水要求、原材料性能和施工方法确定，施工时必须严格掌握。目前一些建筑物也有柔性防水层的，屋顶花园中常有"三毡四油"或"二毡三油"，再结合聚氯乙烯胶泥或聚氯乙烯涂料处理。

近年来，一些新型防水材料也开始投入使用，已投入屋顶施工的有三元乙丙卷材，使用效果不错。国外还有尝试用中空类的泡沫塑料制品作为绿化土层与屋顶之间的良好排水层和填充物，以减轻自重。有用再生橡胶打底，加上沥青防水涂料，粘贴厚 3 毫米玻璃纤维布作为防水层，这样更有利于快速施工。也有在防水层与石板之间设置绝缘体层（成为缓冲带），可防止向上传播的振动，并能防水、隔热，还可在绿化位置的屋顶楼板上做 PUK 聚氨酯涂膜防水层，预防漏水。现推荐用于屋顶绿化防水工程的 10 种耐根穿刺防水材料（表 11.7）。

表 11.7　推荐用于屋顶绿化防水工程的 10 种耐根穿刺防水材料

编　号	材料名称	厚度/毫米
1	铅锡锑合金	≥0.5
2	复合铜胎基 SBS 改性沥青	≥4
3	铜箔胎 SBS 改性沥青	≥4
4	SBS 改性沥青耐根穿刺	≥4
5	APP 改性沥青耐根穿刺	≥4
6	聚乙烯胎高聚物改性沥青	≥4,胎体厚度≥0.6
7	聚氯乙烯(内增强型)	≥1.2
8	高密度聚乙烯土工膜	≥1.2
9	铝胎聚乙烯复合	≥1.2
10	聚乙烯丙纶-聚合物水泥胶结料	≥0.6

⑤ 注意节点构造　屋顶防水层无论采用哪种形式和材料，均构成整个屋顶的防水排水系统，一切所需的管道、烟道、排水孔、预埋铁件及支柱等出屋顶的设施，均应在做屋顶防水层时妥善处理好其节点构造，特别要注意与土壤的连接部分和排水沟水流终止的部分。整体刚性防水层往往因这些细小的构造节点处理不当，而造成整个屋顶防水的失败。另外，按常规设置纵横分格缝，构造复杂容易渗漏。安装防水板时，当一块防水板宽度不够，需几块并排安放时，应注意板与板之间的空隙也会为根生长提供潜在的空间。

施工方法以热涂效果为佳，热涂材料加温后可渗透至缝隙。屋面的薄弱部分，如出气孔道周围、女儿墙周边，应加强处理。尤其是女儿墙周边，防水层应延伸上翻至墙上几十厘米，超过将来花坛上层的位置，否则极易因此渗漏。防水层的厚度、层数都应严格按照国家有关规定、规范施工、至少应是"一布两油"，即两层热涂油质材料，中间一层作"筋"的防水布料。防水处理竣工后应以高标号水泥砂浆抹面，保护防水层。应避免在潮湿条件下施工，屋面未干透也不宜施工。防水层做好后应及时养护，蓄水后不得断水。屋顶花园的各项园林工程和建筑小品只有在确认屋顶防水工程完整无损的条件下才实施。

四、养护管理技术

屋顶绿化不同于平地绿化，从设计到施工都必须综合考虑，所有的因素都要计算在屋顶的载荷范围内。维护屋顶绿化的成果关系到屋顶绿化综合效益的发挥，只有合理的设计，再加上正确的管理，才能达到设计的要求，充分发挥屋顶绿化的效益。

① 浇水　花园式屋顶绿化养护管理除参照 DBJ 11/T 213—2003 执行外，灌溉间隔一般控制在 10～15 天。

简单式屋顶绿化一般基质较薄，应根据植物种类和季节不同，适当增加灌溉次数。人工浇水以喷淋方式均匀浇灌。应根据屋顶绿化环境状况，适当提前浇灌解冻水。小气候条件好的屋顶绿化，冬季应适当补水以满足植物生长需要。

② 施肥　应采取控制水肥的方法或生长抑制技术，防止植物生长过旺而加大建筑荷载和维护成本。

植物生长较差时，可在植物生长期内按照 30～50 克/平方米的比例，每年施 1～2 次长效氮、磷、钾复合肥。观花植物应适当补充肥料。

③ 修剪　根据植物的生长特性，进行定期整形修剪和除草，并及时清理落叶。

④ 病虫害防治　应采用对环境无污染或污染较小的防治措施，如人工及物理防治、生物防治、环保型农药防治等措施。

⑤ 防风防寒　应根据植物抗风性和耐寒性的不同，采取搭风障、支防寒罩和包裹树干等措施进行防风防寒处理。使用材料应具备耐火、坚固、美观的特点。

⑥ 灌溉设施　宜选择滴灌、微喷、渗灌等灌溉系统。有条件的情况下，应建立屋顶雨水和空调冷凝水的收集回灌系统。

第四节　屋顶绿化实例

1. 屋顶花园角落（图 11.14，彩图 11.14，地点：上海）

图 11.14　屋顶花园角落

在屋顶花园的西北角落，布置慈孝竹以软化空间，竹子外围有羊齿天门冬（Asparagus filicinus）和栎叶雪片八仙花（Hydrangea quercifolia 'Snowflake'）镶边。布置时不仅考虑了四时的景观，而且与植物发挥的生态效益结合在一起，例如茶梅、花叶活血丹等保健植物或杀菌力强或可以释放芳香物的植物有益于人体的身心健康；美人蕉、熊掌木（Fatshedera lizei）、八角金盘等可以抵抗多种有害气体；花叶蔓长春花（Vinca major 'Variegata'）、花叶扶芳藤（uonymusfortunei 'Harlequin'）、金叶过路黄等不仅叶色丰富，更是耐旱性强，具有良好的节水功能。

2. 植物以色块形式布置（图 11.15，彩图 11.15，地点：上海）

图 11.15　植物以色块形式布置

植物以色块形式布置，较高大的石楠（Photinia serrulata）布置在建筑的角落里，中间为较低矮的地被，有红叶的红花檵木（Loropetalum chinese var. rubrum）、黄绿相间的花叶薄荷、花叶活血丹、金叶过路黄等。

3. 紧邻主干道的屋顶花园植物配置（图 11.16，彩图

11.16，地点：上海）

由于紧邻主干道，在屋顶花园中，选择了石楠、羊齿天门冬、地中海荚蒾（Viburnum tinus）等滞尘能力强的植物以及花叶玉簪、熊掌木、木贼（Equisetum ramosissimum）、大花萱草（Hemerocallis fulva var. florepleno）、甘坪十大功劳、八角金盘、丛生福禄考（Phlox subulata）和花叶常春藤（Hedera nepalensis）等吸收有害气体或保健功能的植物。

图 11.16 紧邻主干道的屋顶花园植物配置

4. 观赏要求较低和养护不便的屋顶花园（图 11.17，彩图 11.17，地点：上海）

对观赏要求较低和养护不便的屋顶花园，采用地毯式设计，选择抗旱能力强的佛甲草和八宝景天与抗污染较强的大吴风草（Farfugium japonicum），降低了建造和养护成本。

图 11.17 观赏要求较低和养护不便的屋顶花园

5. 上海世博会伦敦零碳馆屋顶（图 11.18，彩图 11.18，地点：上海）

通过种植景天科植物和露台菜园，有效地降低了屋顶表面温度和室内温度。

6. 上海世博会中国馆屋顶（图 11.19，彩图 11.19，

图 11.18 上海世博会伦敦零碳馆屋顶

图 11.19　上海世博会中国馆屋顶

提供了舒适的空中园林休闲空间。

地点：上海）

中国馆屋顶 37000 平方米的空中花园——"新九洲清晏"设计灵感来自圆明园九州清晏，在开阔的水面上修建九个小岛，乔灌花草巧妙搭配，展示祖国丰富的地貌特征，屋顶绿化增加了刚性建筑的阴柔之美，为游人

第十二章
立体花坛

第一节 立体花坛概述

一、立体花坛的定义

国际上立体花坛的兴起得益于 1998 年国际立体花坛国际委员会（International Mosaiculture Committee）的成立和每三年举办一次的国际立体花坛大赛。立体花坛国际委员会为立体花坛下的定义为：立体花坛是指将一年生或多年生小灌木或草本植物种植在二维或三维的立体构架上，形成植物艺术造型的一种花卉布置技术。立体花坛通过各种不尽相同的植物特性，以其独有的空间语言、材料和造型结构，神奇地表现和传达各种信息、形象，体现人类运用自然、超越自然的美感，让人们能感受到它的形式美感和审美内涵，是集园艺、园林、工程、环境艺术等学科于一体的绿化装饰手法。

二、立体花坛的分类

立体花坛的类型极为丰富，在应用中常根据不同的目的选择合适的类型。

1. 按花材分

(1) 盛花花坛（图12.1，彩图12.1） 盛花花坛是由观花草本植物组合在立体骨架上，表现盛花时群体色彩美的立体景观。可由不同花卉、不同品种或不同花色的群体组成。如在做立体盛花花坛时，为了保证造型整齐，花期一致，质地统一，可使用四季海棠、黄帝菊、新几内亚凤仙、矮牵牛等低矮、多花、多色的花卉进行组合；在做山水花坛时，为了能够体现出山花烂漫的自然之美，往往选择不同品种、不同质地、不同株型、不同花色、不同大小的花卉，如小菊、悬崖菊、一串红、叶子花等进行艺术组合。

(2) 模纹花坛（图12.2，彩图12.2） 模纹花坛是由矮生观叶植物密植在立体骨架表面，组成各种所要表现的纹理或图案。植物材料一般选用叶片或花朵细小茂密、耐修剪、观赏期长的低矮植物，如五色草、半枝莲、香雪球、彩叶草等。在造型施工中，为了明显突出纹理和图案，花坛往往做出凹凸的阴阳纹样。

图12.1　盛花花坛　　　　　　图12.2　模纹花坛

2. 按坛面花纹图案分

(1) 造型花坛（图12.3，彩图12.3） 依据主题思想和周围环境，采用生动活泼的手法，通过骨架和植物材料塑造出各种造型，从而收到极高的艺术效果和观赏效果。造型花坛包括花柱、花台、立体组字花坛、建筑、动物、人物等立体造型的花坛。

(2) 造景花坛 以一定主题的自然景观或生活场景为构图中心，由单个造型或多个造型花坛，结合骨架、植物材料和其他设备，形成的表现各种主题的立体花坛。这类立体花坛一般形态较大，设计和施工较为复杂，常常形成景观中心，一般设置在广场和交通要道。比如在 2009 年 9 月 15 日～11 月 23 日举行的日本滨松第四届立体花坛国际博览会上，中国沈阳市立体花坛作品《祈福门》获得最佳构成奖，《祈福门》是取清代建筑"沈阳故宫大政殿"的剪影和满族妇女对长辈《请安礼》的神韵所创作的生态型园林小品。花坛采用轻型钢架、钢筋网做骨架，用钢筛网和培养土做基质，栽植近 35 万株五色草，配以近 4000 株地栽花卉，经修剪整形成姿态优美、纹理清新的生态形园林小品，让游客感受到作品内涵的趣味性与美好祝愿（图 12.4，彩图 12.4）。本次博览会上还授予蒙特利尔市的参赛作品《植树人》以大奖，《植树人》作品取材于弗雷德里克·巴克先生 1988 年荣获的第二个奥斯卡奖的动画片，再现了埃尔萨·布菲尔这位孤独的牧羊人一辈子每天边放羊边种树、独自使一片荒漠变成生机盎然的家园的过程。在作品中，碎石铺成的地面象征着荒漠，其中高达 5 米的人物埃尔萨·布菲尔正栽种着一棵枫树幼苗，牧羊狗正看护着羊群。埃尔萨·布菲尔身后逐渐长大的树木、鲜花盛开的草场以及自由奔跑的两匹马则象征着生命。整个作品既气势宏大又形象细腻，如电影场景般摄人心魄（图12.5，彩图 12.5）。

图 12.3　造型花坛

图 12.4　造景花坛（作品《祈福门》）

3. 按组装形式分

（1）独立式花坛（图 12.6，彩图 12.6）　以单个立体花坛为主布置在绿地空间内。这种立体花坛一般造型精致独特、色彩醒目，

图 12.5　造景花坛（作品《植树人》）

单个花坛就能达到较好的装饰效果，有一定的艺术水平，在空间环境中有一花独放的效果，具有点景的作用。

（2）组合式花坛（图 12.7，彩图 12.7）　由大小或造型不同的多个花坛组合而成，形成一个比较大的景点，表达一个主题。这类立体花坛通常具有视觉宽阔、景观丰富多彩的艺术效果。

图 12.6　独立式花坛

图 12.7　组合式花坛

4. 按内部支撑结构分

（1）梯架式花坛（图 12.8，彩图 12.8）　在利用钢筋混凝土、金属材料加工而成的梯架上，分层放置一串红、天竺葵、秋海棠、垂盆草等花卉，鲜花绿叶簇拥在一起，繁花似锦、相互映衬，装饰效果十分显著；也可以将两个高低大小不同的花坛组合成层次丰富、高低错落、造型多样的立体花坛。

（2）立体式花坛（图 12.9，彩图 12.9）　一般采用金属、木材、培养土、遮阳网等材料组成形状不同的立体骨架造型，并在其表面栽植各种花草。这种类型的立体花坛应用较多，常见的一些动物、建筑、人物等造型的立体花坛均为这种类型。

(3) 格架式花坛（图 12.10，彩图 12.10） 一般采用钢材或钢筋混凝土预制件组装成可放置各种盆花的架子，具有空间利用灵活，观赏效果好的特点。格架式立体花坛，造型新颖简洁、轻巧明快，不同季节可放置各种盆花。

图 12.8　梯架式花坛

图 12.9　立体式花坛

图 12.10　格架式花坛

三、立体花坛的特点

(1) 科学性　立体花坛的设计与制作处处可体现科学性，例如，立体花坛设计时要考虑科学、恰当的固定方式；植物配置要根据植物特性，选择合适的植物进行搭配，注意色彩间的协调，使形象逼真动人；要科学地进行养护管理，以保证和延长观赏期。

（2）艺术性（图 12.11，彩图 12.11）　立体花坛的审美功能是第一属性，其设计必须注意形式美的规律，在造型、色彩、比例、尺度等方面都应该符合协调统一和富有个性的原则。另外，立体花坛要根据园林艺术规则进行布置，因地制宜，巧于因借，起到点景的作用。

（3）文化性　立体花坛的文化性体现在主题和时代性当中。立体花坛因赋予了一定的主题，才使它成为一个有意义的活体，并通过本身的造型和色彩向人们展示其形象特征，表达某种情感，激起人们心灵的深刻感受。如 2006 年国庆期间，上海世纪公园内的立体花坛作品《海纳百川》，选用红绿草、四季海棠、花叶常春藤等植物材料，制作了中国传统民族乐器"琵琶"和中式传统花窗两个造型，勾画了一幅和谐、富有浓郁华夏风情的立体画面。琵琶是在汉朝时期，由波斯、阿拉伯等地传入我国的一种乐器，经过长期使用和沿革，现已成为倍受人们喜爱的民族乐器。花窗是中华民族特有的建筑风格。将琵琶置于一个花窗内，体现了上海市对外开放、喜迎四方宾客的胸襟和"海纳百川、追求卓越"的城市精神（图12.12，彩图 12.12）。

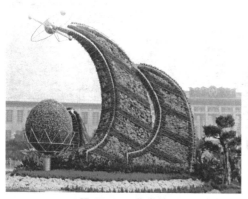

图 12.11　艺术性

图 12.12　文化性
（作品《海纳百川》）

（4）经济性　立体花坛美化了城市环境，形成了优美的城市景观，有利于丰富城市园林景观、提升城市形象，并以此带动旅游业和花卉产业的良性发展。

四、立体花坛的作用

立体花坛在短期内能够创造出绚丽而富有生机的景观，给人以强大的视觉冲击力和感染力，在城市绿化中有着重要的作用。

（1）美化、装饰城市环境 立体花坛以其绚丽协调的色彩、美观独特的造型、灵活机动的布置形式，拉近了人与自然的距离，给人以艺术的享受，这一绿化形式，可以放置在街头绿地、广场、公园、游乐场所、滨河绿地、庭院及建筑物前，再加上与水、声、光、电的配合，成为城市中一道道亮丽的风景。不但扩展了植物的丰富表现力，也为城市增色添彩，既丰富了城市景观，美化了城市环境，又能营造出较高的文化品位，在城市建设中具有独特的美化装饰作用。

（2）增加节庆欢乐气氛 各种各样的立体花坛是装饰盛大节日和喜庆场面所不可缺少的，在广场、绿地等人流较大的地方，可以起到烘托节日气氛、美化周边环境的作用。特别是在节日期间增设的花坛，能使城市面貌焕然一新，增加节日气氛。在北京，每年的国庆节都在天安门广场上布置大型的立体花坛，烘托出浓浓的节日气氛，成为一个新的节日景点，吸引了众多游客。

（3）宣传作用 立体花坛美丽、醒目，常常是人们视线的焦点，在美化环境的同时又可以通过其生动的造型和鲜明的主题思想，寓教于乐，对民族文化、环境保护等方面起到一定的宣传作用。

（4）在特定环境中起到分隔空间的作用 立体花坛可以设置在交叉路口、干道两侧或街旁较开阔的广场上，在美化环境的同时起到了分隔空间、组织交通的作用。

第二节 立体花坛造景对植物材料的选择

立体花坛造景是以造型为基础，一般运用钢材作为造型骨架，然后在填充了栽培土的造型上种植植物，通过植物不同的形态和本身的色彩，形成独特的植物造型艺术。因此可以说植物是作品的具体表现者，它的选择是否准确对整个作品的成功与否起着决定性的作用。

一、立体花坛造景对植物材料选择的要求

一般要求一年生或多年生的小灌木或草本植物。在整个制作过程中不允许采用在植物生长到一定年份时修剪出形状的方法即单株植物造景，但可以作为花坛的补充部分。植物的高度、形状、色彩、质感对纹样的表现有密切关系，是选择材料的主要依据。

1. 以枝叶细小，植株紧密，萌蘖性强，耐修剪的观叶植物为主

通过修剪可使图案纹样清晰，并维持较长的观赏期。枝叶粗大的材料不易形成精美纹样，在小面积造景中尤其不适合使用。

2. 以生长缓慢的多年生植物为主

如金边过路黄（*Lysimachia 'Aurea'*）、半柱花（*Hemigraphius colorata*）、矮麦冬（*Ophiopogon japonicus 'Nanus'*）等都是优良的立面造景材料。一、二年生草花生长速度不同，容易造成图案不稳定，一般不作为主体造景，但可选植株低矮、花小而密的花卉作图案的点缀，如四季海棠（*Begonia semperflorens Link et Otto*）、孔雀草（*Tagetes patula*）等。

3. 要求植株的叶形细腻，色彩丰富，富有表现力

如暗紫色的小叶红草（*Altemanthera amoena*）、玫红色的玫红草（*Altemanthera 'Rosea'*）、银灰色的芙蓉菊（*Crossostephium chinense*）、黄色的金叶景天（*Sedum 'Aurea'*）等，都是表现力极佳的植物品种。

4. 要求植株适应性强

由于立体花坛造景是改变植物原有的生长环境，在短时间内达到最佳的观赏效果。所以就要求所选择的植物材料抗性强，容易繁殖，病虫害少。例如朝雾草（*Artemisia 'pedemontana'*）、红绿草（*Altemanthera cv.*）等都是抗性好的植物品种。

我国立体花坛造景中常见植物材料见表12.1。

表 12.1 我国立体花坛造景中常见植物材料

序号	中文名	学名	科属名	叶(花)特征	习性	用途
1	红绿草	Alternanthera cv.	苋科莲花莱属	叶色十分丰富,是目前最理想的造景材料。经常使用的有黑草、小叶(深)红草、大叶红草、红莲子草、玫红草、三色粉草、池红、展叶红草、黄草、小叶绿草、大叶绿草、绿白草、圆叶绿草等十几个品种	抗性强,喜温,耐旱,耐修剪	优良立面材料
2	蓝石莲	Echeveria 'Blue Learve'	景天科莲花掌属	叶蓝灰色,扁平,叶莲座状排列	喜温、耐半阴	优良立面材料
3	特叶玉莲	Echeveria 'Topsy Turry'	景天科莲花掌属	叶蓝灰色,叶先端圆钝	喜光、耐半阴	优良立面材料
4	细叶蜡菊	Helichrysum petiolaris 'Ice-cycle'	菊科蜡菊属	叶细长条形,银灰色株形紧凑	喜光、耐热、怕涝、耐修剪	优良立面材料
5	佛甲草	Sedum linearea	景天科景天属	肉质草本,叶披针形、无柄,在阴处呈绿色,充分日照下黄色	耐半阴、喜湿、不耐修剪	优良立面材料
6	白草	Sedum lineare var. alba—margina	景天科	叶白绿色	喜光耐寒、耐半阴、耐旱、耐修剪	优良立面材料
7	银边百里香	Thymus citriodorus 'SilverQueen'	唇形科百里香属	叶边缘银白色,花丁香紫色,花期6~8月	抗性强、适应性强	优良立面材料
8	细叶针茅	Miscanthus sinense 'Gracillimus'	禾本科芒属	叶直立纤细,花期9~10月。花色由粉红转为红色,秋季转为银白色	对气候适应性强	细部点缀

序号	中文名	学名	科属名	叶（花）特征	习性	用途
9	波缘半柱花	Hemigraphium repanda	萝藦科半柱花属	叶条形，有锯齿，匍地生长，叶终年深紫色	高温季节生长迅速，耐修剪	人物造型衣着
10	半柱花	Hemigraphius colorata	萝藦科半柱花属	叶条形，有锯齿，匍地生长，叶终年深紫色	高温季节生长迅速，耐修剪	优良立面材料
11	四季海棠	Begonia semperflorens Link et Otto	秋海棠科秋海棠属	花，叶颜色丰富。有绿叶红花、绿叶白花、铜叶红花等品种	喜温暖湿润和半阴环境	图案点缀
12	朝雾草	Artemisia pedemontana	菊科蒿属	羽状叶，叶灰白色，叶质柔软顺滑，株形紧凑	高温季节生长较少，病虫害较少，不耐水湿，耐修剪	流水效果或动物身体
13	彩叶草	Coleus cv.	唇形科鞘蕊花属	叶绚丽多彩	喜温暖向阳及通风良好环境	优良立面材料
14	苔草	Carex oshimensis	莎草科苔草属	草本，常见品种有蓝苔草，金叶苔草等	喜光耐半阴，对土壤适应性强	细部点缀
15	五彩鱼腥草	Houttuynia cordata 'Triclor'	三白草科蕺草属	叶三色镶嵌，花白色	耐阴，喜湿润	优良立面材料
16	艾伦银香菊	Santolina virens	菊科神圣亚麻属	羽状叶纤细翠绿色，株形紧凑	耐旱，耐贫瘠，耐修剪，抗性强，忌高温高湿	优良立面造型材料
17	银瀑马蹄金	Dichondra argentea 'SilverFalls'	旋花科马蹄金属	叶银灰色，圆形，蔓生	耐半阴，对土壤适应性强	适合作流水瀑布
18	花叶南芥	Arabis cv. 'Variegata'	十字花科南芥属	叶长条形，呈金伞状，边缘金黄色，中心绿色	注意施肥，怕涝，病害少，易虫害	图案细部点缀

续表

序号	中文名	学名	科属名	叶（花）特征	习性	用途
19	芙蓉菊	Crossostephium chinense	菊科芙蓉菊属	羽状叶，叶灰白色	喜光，忌高温多湿	图案点缀
20	观音莲	Sempervivum sp.	景天科长生花属	多浆植物，叶倒卵形光滑，端有蜘蛛网状细毛，排列成小型莲座状	耐干旱	立面细部点缀，不适宜大面积配置
21	血草	Iresine herbstii	禾本科白茅属	叶丛生，剑形，常保持深红色	喜光，耐热	图案点缀
22	蜡菊	Helichrysum lanatum	菊科蜡菊属	叶圆形，银灰色	喜光，耐热，怕涝，耐修剪	立面流水造型，人的眼泪沿等
23	大叶过路黄	Lysimachia fordiana	报春花科珍珠菜属	叶金色，卵圆形，茎匍匐生长	喜光，怕涝，耐修剪	优良立面材料
24	金边过路黄	Lysimachia 'Aurea'	报春花科珍珠菜属	叶金黄色，卵圆形，茎匍匐生长	喜光，怕涝，耐修剪	图案细部点缀，不适宜大面积配置
25	金叶景天	Sedum 'Aurea'	景天科景天属	枝叶短小紧密，叶圆形，金黄色	喜光，耐半阴，较耐寒，耐旱，忌潮湿，不耐修剪	立面细部点缀，不适宜大面积配置
26	鹃点草	Hypoestes phyllostachia	爵床科枪刀药属	叶长圆形至狭卵圆形，叶深绿色，有火红色的脉和斑点，花浅紫色	喜温暖湿润和半阴环境	图案点缀
27	矮麦冬	Ophiopogon japonicus 'Nanus'	百合科山麦冬属	常绿草本，叶丛生，线形，稍革质	喜阴湿耐寒	镶边
28	头花蓼	Polygonum capitatum	蓼科蓼属	叶绿色有青铜色"V"形斑纹，花小，头状花序粉红色，花期夏秋季	喜光，耐半阴，耐寒	图案点缀

资料来源：林雪萍. 浅谈立体花坛造景中植物的应用. 福建热作科技，2007。

第十二章 立体花坛 **193**

二、立体花坛造景中植物配置的原则

由于植物在景观表现上具有很强的自然属性和因季相交替呈现的时空序列变化的特征。在作为造型与植物合二为一的立体花坛造景中一般要遵循三个原则进行配置。

1. 适地选择植物品种

即要将植物种植在适宜的环境条件下。根据植物的生物学特性、土壤及气候条件等因素，来确定可以选择的植物品种范围，并在应用时注意要符合植物生态特性。如有些植物品种要求全光照才能体现色彩美，一旦处于光照不足的半阴或全阴条件下则恢复绿色，失去彩化效果，例如佛甲草（*Sedumlinarea*）；而有些植物则要求半阴的条件，一旦光线直射，就会引起生长不良，甚至死亡，例如银瀑马蹄金（*Dichondra argentea 'Silver Falls'*）。

2. 适时选择植物品种

每一种植物都有生长旺盛期，在选择植物时要充分了解植物生态习性，根据季节合理选择配置植物花卉。例如红绿草（*Alteman-thera cv.*）容易繁殖，生长较快，耐修剪，色彩也较丰富，有小叶红、小叶黄、玫红、大叶紫等十几个品种，有利于表现各种造型，但缺点是不耐寒。因此在冬季时可栽培其他植物品种如景天科植物、矮麦冬（*Ophiopogonjaponicus 'Nanus'*）等。另外，植物在不同季节叶色可随时间、地点、条件的不同而产生不同的变化，应该有前瞻性地选择合适的植物品种。例如细叶针茅（*Miscanthus sinense 'Gracillimus'*）花色最初粉红色后转为红色，秋季转为银白色。

3. 艺术选择植物材料

在选择植物材料时要根据植物材料的肌理，将植物材料的质感、纹理与作品所要表现的整体效果结合起来。立体花坛的每一个作品都是有灵魂的，这就要求园艺师在"雕塑"作品时能充分理解设计师的艺术构图思想，从可以选择的植物品种中选择配置最具有表现力的植物材料，实现生硬的钢制雕塑与柔软园艺的完美结合。例如蜡菊（*Helichrysum lanaturm*）叶圆形、银灰色、耐修剪，可用于立面流水造型、人的眼泪等；朝雾草（*Artemisia pede-montana*）叶质柔软顺滑，株形紧凑可作流水效果或动物的身体；波缘半柱花（*Hemigraphium repanda*）叶色纯正、华丽、适用于人物造型的衣着等精品作品；细茎针茅（*Miscanthus sinense 'Gracillimus'*）等可作鸟的尾巴；苔草（*Carex oshimensis*）等可作屋顶用；红绿草（*Altemanthera cv.*）可作纹样边缘，使图案清晰，充分展示图案的线条和艺术效果；五彩鱼腥草（*Houttuynia cordata 'Triclor'*）、血草（*lresineherbstii*）等适合做立体花坛造景的配景材料。

第三节 立体花坛的制作

立体花坛施工与其他园林景点施工基本相同，首先要熟悉立体花坛的设计图纸和了解每一个立体花坛的特殊结构要求；根据设计要求做好工料购置计划和落实施工队伍等准备工作。然后进行场地平整（根据地形），疏通道路，有条件的要把水源、电源接到施工现场。同时要保护好施工场地周围的原有环境，如树木、花、草等，待立体花坛建成后能起到衬景作用。

早期的立体花坛多是用砖砌内胎，在内胎外侧抹稻草泥，最后在上面扦插植物材料的办法制作而成。所用植物材料也较少，通常只有五色草一种，基本上完全靠人工喷水进行养护。无论制作还是养护管理水平均较低，作品的表现力差。现在的立体花坛已融入了许多现代科学技术，许多新工艺、新容器、新材料已用到立体花坛的制作中。现代立体花坛多以钢结构为骨架，栽植容器有各种卡槽、卡盆、卡钵等，制作安装均非常方便、快捷，也使创作更具灵活性。栽培介质也换成了较为轻便的草炭、蛭石等材料。植物材料也已很丰富，常用的就有红绿草、彩叶草、血苋、景天类、银香菊、孔雀草等几十种，一些水果和蔬菜也时有应用，使得立体花坛作品的表现力异常丰富。

由于立体花坛的结构及植物造型手法不同，其施工程序也不一样，在园林绿化中，采用植物栽植法（将较低矮致密、不同色彩的植物如五色草，按照设计方案栽植到骨架上，然后修剪组成各种图案、纹样）的钢结构立体花坛较为常用，在这里就论述此种类型立体花坛的施工。

（1）设计　设计是制作立体花坛的第一步，内容包含外观设计、承重设计、骨架设计、灌溉设计等。外观设计就是要根据确立的设计意图和将要表达的意境，确定立体花坛的外观和花卉颜色。承重设计就是要综合考虑立体花坛自重、浇水后增加的重量、风和其他因素对重量的影响等，计算出骨架应具备的承重。骨架设计就是要根据已确定的外形，选择骨架材料和形状。灌溉系统设计，就是选择灌溉方式和供水管道的排布方法。

（2）制作骨架结构　骨架制作时，首先应按图纸上所标承重、高度，按比例放样。骨架制作一定要牢固，基础一定要结实。技术的关键是连接好各支撑点，要求受力平衡。焊接要严密不能有砂眼，结构要坚固，要绝对避免因用材不当而出现变形或倒塌的现象。骨架稳固后，若立体花坛比较高，为了便于施工，要用钢管或木板搭好脚手架，高度以人站上去便于施工操作为宜。

（3）安装供水系统　如果需要安装自动喷灌系统，则根据设计图纸安装压力泵、管道、微喷头、滴管等供水器件，并调节水压的大小、管道的走向、喷头的分布、方向等，力求使灌水均匀，避免有灌溉不到的地方，造成生长不良或死亡。

（4）装土（栽培基质）　按照设计图纸，安装供水系统后，用铁丝将遮阳网扎成内网和外网（两网之间的距离根据设计来定），然后开始装土。土的干湿度以捏住一搓能散为宜。垂直高度超过1米的种植层，应每隔50～60厘米设置一条水平隔断，以防止浇水后内部栽培基质往下塌陷。

装土时从基部层层向上填充，边装边用木棒捣实，由外向里捣，使土紧贴内网。外部遮阳网必须从下往上分段用铁丝绑扎固定在钢筋上，边绑扎边装土，并用木槌在网外拍打，调整立体形状的轮廓。

（5）放样　按照设计图案用线绳勾出轮廓，或者先用硬纸板、塑料纸等做出设计的纹样，再画到造型上。不管采用哪种方法，只要能在造型上做出比较清晰的图案纹样即可。

（6）栽植物　种植植物材料宜先上后下，一般先栽植花纹的边缘线，轮廓勾出后再填植内部花苗。栽植时用木棒、竹签或剪刀头等带有尖头的工具插眼，将植物栽入，再用手按实。注意栽苗时要和表面成锐角，防止和形体表面成直角栽入。锐角栽入可使植物根系较深地栽在土中，浇水时不至于冲掉。栽植的植物株行距视花苗的大小而定，如白草的株行距应为 2～3 厘米，栽植密度为 700～800 株/平方米；小叶红、绿草、黑草的株行距为 3～4 厘米，栽植的密度为 350～400 株/平方米；大叶红为 4～5 厘米，最窄的纹样栽白草不少于三行，绿草、小叶红、黑草不少于两行。

在立体花坛中最好用大小一致的植物搭配，苗不宜过大，大了会影响图案效果。

栽苗最好在阴天或傍晚进行。露地育苗可提前两天将花圃地浇湿，以便起苗时少伤根。盆栽育苗一般先提前浇水，运到现场后再扣出脱盆栽植。矮棵的浅栽，高棵的深栽，以准确地表达图案纹样。在具体施工中注意不要踩压已栽植物，可用周转箱倒扣在栽种过的图案部分，供施工人员踩踏。夏季施工，可在立体花坛上空罩一张遮阳网，可以防止强光灼射，有利于早期的养护。

（7）栽后修剪　栽种后要修剪。修剪的目的一方面是促进植物分枝，另一方面修剪的轻重和方法也是体现图案花纹最重要的技巧。栽后第一次不宜重剪，第二次修剪可重些，在两种植物交界处，各向中心斜向修剪，使交界处成凹状，产生立体感。特别是人物和动物造型，需要靠精雕细琢的修剪来实现。如在制作马、牛等动物造型时，很容易产生下列问题：将马的肚子制作得滚圆，就变成了一匹肥马，没有精神；开荒牛本来应该肌肉肋骨突出，脊梁高耸，但制作出来的作品却找不到那种奋发上进的感觉。

红绿草宜及时修剪，使低节位分蘖平展，尽快生长致密。晚修剪会造成高位分蘖，浪费植物的养分，延迟成型的时间。

（8）收尾工作　植物栽植完工后，拆除脚手架。在立体花坛基部周围按照设计图纸布置好平面花坛，使主题更加突出，色彩更加鲜明，充分体现立体花坛的特色和作用。

第四节　立体花坛的养护管理

立体花坛施工完毕后，要注意养护管理，以保持立体花坛有较长的观赏期。

(1) 水分管理　立体花坛浇水有人工浇水、喷灌、滴灌和渗灌。无论是人工浇水还是自动喷滴灌，往往容易产生顶部的苗干死，底部的苗淹死的情况，所以浇水时要注意上部勤喷，并适当多喷，下部少喷。浇水的时间宜在早上进行，日间要补水，尽量在下午三四点钟以前完成，让叶片吹干。傍晚浇水会使叶片带水过夜，容易滋生病害。

(2) 补植缺株　立体花坛应用的植物材料如果栽植后出现萎蔫、死亡，要及时更换花苗。造成缺苗现象的，应及时补植，补植的规格、品种与颜色要与原来的花苗保持一致，否则会影响立体花坛的整体效果。

(3) 适当施肥　立体花坛可利用叶面喷肥的方法进行追肥，也可结合微喷和滴灌补充营养液，保证培养土中含有足够的养分，观赏期较长的立体花坛可追施化肥。

(4) 除草　由于立体花坛内水肥条件充足，易滋生杂草与花坛植物竞争水肥，杂草不仅影响植物的生长，而且影响观赏效果，必须及时清除，一般采用人工拔除的方法。

(5) 适时修剪　为保持立体花坛植物的整齐一致，使花坛的纹样清晰，整洁美观，提高立体花坛的观赏效果，要适时修剪。最先用大平剪进行平面整体修剪，让花坛表面平整，刚施工完的花坛，可以轻剪；在生长养护期，为控制花坛植物的生长，可以适当重剪，使花卉整齐一致，图案线条明显；并通过仔细修剪，将文字或图案凸起来，线条周边剪重些，里面剪轻些，形成凹凸感。修剪的时间一般 10～15 天修剪一次，这样可以保持立体花坛的整齐美观。

(6) 病虫害防治　由于立体花坛观赏时间有限，所以花苗的病虫害防治以预防为主，及时拔除病虫苗株，以免影响其他的花卉。

第十三章

立体绿化主要植物种类

一、常用攀缘植物

植物沿棚架、屋顶等四处蔓延爬行或攀缘生长，植物生长快、绿量大，能快速形成绿色覆盖。适宜植物有紫藤、多花紫藤、爬山虎、五叶爬山虎、大血藤、西番莲、南蛇藤、扶芳藤、凌霄、美国凌霄、杠柳、木通、三叶木通、大血藤、络石、葡萄、木香、常春油麻藤、常春藤、薯蓣、丝瓜、何首乌等。

◯ 1. 紫藤（图 13.1）

中文名：紫藤

拉丁名：*Wisteria sinensis*（Sims）*Sweet.*

科属：豆科紫藤属

分布：中国，朝鲜，日本

生态习性：落叶藤本。较耐寒，喜光，较耐阴。花期 4～5 月，果熟 8～9 月

使用：缠绕类藤本，生长速度

图 13.1 紫藤

较快，非常适合棚架类绿化

观赏特性：落叶植物，花紫色

◎ **2. 多花紫藤**（图 13.2）

中文名：多花紫藤

学名：*Wisteria floribunda* DC.

图 13.2　多花紫藤

别名：日本紫藤

科属：蝶形花科（豆科），紫藤属

分布：原产日本，我国长江流域及其以南地区

生态习性：大型木质藤本。喜光，喜排水良好的土壤。极耐寒，植物可以耐受零下十五度及十五度以下低温。花期 5 月

使用：缠绕类藤本，攀缘棚架、老树干，适合棚架类绿化

观赏特性：落叶植物，花紫色转紫蓝色

◎ **3. 西番莲**（图 13.3）

中文学名：西番莲

拉丁学名：*Passionfora edulis f. flavicarpa* Deg

图 13.3　西番莲

别称：受难果、巴西果、百香果、藤桃、计时草、盾叶鬼臼、转枝莲、鸡蛋果、洋石榴

科属：西番莲科西番莲属

分布：原产地美洲热带，我国也有 13 种

生态习性：多年生常绿攀缘木质藤本植物。它们喜光，喜温暖至高温湿润的气候，

不耐寒。生长快，开花期长，开花量大，适宜于北纬 24 度以南的地区种植。在气候的适应性方面，则要求温暖、全年无冻害的天气

使用：攀缘藤本植物。一般采用棚架和篱架

观赏特性：是一种热带藤本攀附果树，果实甜酸可口，风味浓郁，芳香怡人

● 4. 南蛇藤 （图 13.4）

中文名：南蛇藤

拉丁文名：*Celastraceae orbiculatus Thunb*

科属：卫矛科、南蛇藤属

形态特征：落叶木质藤本，缠绕性，叶片互生，亮绿有光泽，花黄绿色，花期 5～6 月。果期 9～10 月成熟，种子外包红色肉质假种皮

分布：分布于我国东北、华北、华东地区

生长习性：喜阳也耐阴，耐寒，抗旱，在疏松肥沃、排

图 13.4 南蛇藤

水良好及气候湿润的环境中生长较快

观赏特性：是优良的垂直绿化和地被材料。适宜栽植于溪边、湖畔坡地林缘假山石隙等处

● 5. 凌霄 （图 13.5）

中文名：凌霄

拉丁名：*Campsis grandiflora.*

科属：紫葳科凌霄属

分布：华东、华中、华南

生态习性：落叶藤本。性喜阳、稍耐荫。花期 6～8 月，果期 11 月

使用：借气生根攀缘，攀缘长度可达到 20 米以上。非常适合垂悬绿化

观赏特性：花红色

图 13.5 凌霄

图 13.6　美国凌霄

6. 美国凌霄（图 13.6）

中文名：美国凌霄

拉丁名：*Campsis radicans*

别名：美洲凌霄、洋凌霄

科属：紫葳科凌霄属

分布：原产北美

生态习性：落叶藤本。喜温暖，好阳光。花期 10 月

使用：具很多簇生的气生根，攀缘能力强，可攀附在树木、墙壁向上生长。常制作起花架或供其垂直攀缘绿化用的材料

观赏特性：花红色

7. 杠柳（图 13.7）

中文名：杠柳

拉丁学名：*Periploca sepium*

别名：羊奶条、山五加皮、香加皮、北五加皮

科属：萝藦科杠柳属

分布：除东北北部的全国各地。

生态习性：蔓性藤本，阳性，耐寒，耐旱，耐瘠薄。喜光，耐荫，对土壤适应性强。花期 6～7 月，果期 8～9 月

使用：缠绕灌木。初期生长径直立，后渐匍匐或缠绕

观赏特性：具有广泛的适应性，是优良的固沙、水土保持树种

图 13.7　杠柳

8. 木通（图 13.8）

中文名：木通

拉丁名：*Caulis Akebiae*

别名：通草、附支、丁翁、丁父、菖藤、王翁、万年、万年藤、燕覆、

乌覆

科属：木通科木通属

分布：江苏、浙江、江西、广西、广东、湖南、湖北、山西、陕西、四川、贵州、云南等地

生态习性：落叶木质缠绕灌木，花期4～5月，果熟期8月

使用：缠绕灌木。适合于棚架绿化

观赏特性：夏秋开紫花或白花

图13.8　木通

◯ 9. 三叶木通（图13.9）

中文名：三叶木通

拉丁名：*Akebia trifoliate*

别名：八月炸、三叶拿绳

科属：木通科木通属

分布：河北、山西、山东、河南、甘肃和长江流域以南

生态习性：落叶木质藤本。花期4月，果期8月。喜阴湿，较耐寒

使用：茎蔓常匍地生长。

观赏特性：春夏季开紫红色花，雌雄异花同株。配植阴木下、岩石间或叠石洞壑之旁，叶蔓纷披，野趣盎然

图13.9　三叶木通

◯ 10. 大血藤（图13.10）

中文名：大血藤

拉丁名：*Sargentodoxa cuneata (Oliv.) Rehd. Et Wils.*

别名：血藤、红皮藤、千年健、

图13.10　大血藤

大活血、五花血藤、红藤、赤沙藤、蕨心藤、活血藤、血通、血木通、穿尖龙、半血莲、过血藤等

分布：湖北、四川、江西、河南、江苏、安徽、浙江

生态特征：落叶藤本。花期3～5月，果期8～10月

观赏特性：生于山坡疏林、溪边

◎ **11. 葡萄**（图13.11）

图 13.11　葡萄

中文名：葡萄

拉丁名：*Vitis vinifera.*

科属：葡萄科葡萄属

分布：分布于新疆、甘肃、山西、河北、山东等地

生态习性：落叶藤本。喜光、不耐湿。北方8～9月成熟

使用：卷须类攀缘植物。年生长量1～10米。适合结合棚架绿化

观赏特性：观果植物，可食用

◎ **12. 乌头叶蛇葡萄**（图13.12）

中文名：乌头叶蛇葡萄

拉丁名：*Ampelopsis aconitifolia Bunge*

图 13.12　乌头叶蛇葡萄

别名：草葡萄、草白蔹

科属：葡萄科、蛇葡萄属

分布：内蒙古、陕西、甘肃、宁夏、河南、山东、河北、山西

生态习性：落叶木质藤本。性较抗寒，冬季不需埋土。喜肥沃而疏松的土壤。花期4～6月，果期7～10月

观赏特性：多用于篱垣、林缘地带，还可以作棚架绿化

13. 异叶蛇葡萄 (图 13.13)

中文名：异叶蛇葡萄

拉丁名：*Ampelopsis hetero-phylla K. Koch*

科属：葡萄科 蛇葡萄属

分布：江苏、安徽、浙江、江西、福建、湖北、湖南、广东、广西、四川。海拔 200～1800 米。日本也有分布

生态习性：落叶木质藤本。花期 4～6 月，果期 7～10 月

观赏特性：可作阴棚材料有变种掌裂蛇葡萄，具 3 小叶，基部叶仅 3 浅裂

图 13.13　异叶蛇葡萄

14. 木香 (图 13.14)

中文名：木香

拉丁名：*Rosa banksiae Ait.*

科属：蔷薇科蔷薇属

分布：分布于陕西、甘肃、湖北、湖南、广东、广西、四川、云南、西藏

生态习性：落叶藤本。喜冷凉湿润，耐寒、耐旱，怕高温和强光。花期 4～7 月果期 9～10 月

使用：攀靠类攀缘植物。攀缘长度可达到 6～10 米

观赏特性：花瓣白色或黄色，单瓣或重瓣，有浓郁的芳香

图 13.14　木香

15. 常春油麻藤 (图 13.15)

中文名：常春油麻藤

拉丁名：*Mucunasempervirens*

图 13.15　常春油麻藤

Hemsl.

科属：豆科油麻属

分布：产中国陕西、四川、贵州、云南等省，日本也有分布

生态习性：常绿木质藤本。喜多湿的环境。喜半阴的环境。喜高温，不耐寒。无需施肥即可生长良好。花期4～5月

使用：可用于大型棚架、崖壁、沟谷等处

观赏特性：常春油麻藤高大，叶片常绿，老茎开花

◎ **16. 常春藤**（图 13.16）

中文名：常春藤

拉丁名：*Hedera helix.*

图 13.16　常春藤

科属：五加科常春藤属

分布：陕西、甘肃及黄河流域以南至华南和西南都有分布

生态习性：常绿藤本。极耐阴，也能在光照充足之处生长。可以吸收苯、甲醛等有害气体。9～11月开花，次年4～5月成熟

使用：依靠气生根攀缘生长，攀缘长度在20米以上。常用来做墙面绿化

观赏特性：花淡绿白色，有微香，果圆球形，橙黄色

◎ **17. 爬山虎**（图 13.17）

中文名：爬山虎

拉丁名：*Parthenocissus tricuspidata*

别名：地锦、爬墙虎

科属：葡萄科爬山虎属

分布：原产于亚洲东部、喜马拉雅山区及北美洲，后引入其他地区，朝鲜、日本也有分布。我国辽宁、河北、陕

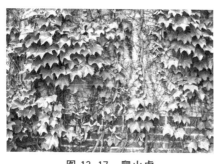

图 13.17　爬山虎

西、山东、江苏、安徽、浙江、江西、湖南、湖北、广西、广东、四川、贵州、云南、福建都有分布

生态习性：多年生大型落叶木质藤本植物。喜阴湿环境，但不怕强光，耐寒，耐旱，耐贫瘠，气候适应性广泛，在暖温带以南冬季也可以保持半常绿或常绿状态。耐修剪，怕积水，对土壤要求不严。花期6月，果期9～10月

使用：枝上有卷须，卷须短，多分枝，卷须顶端及尖端有黏性吸盘，遇到物体便吸附在上面，无论是岩石、墙壁或是树木，均能吸附。多用于墙面坡面绿化

观赏特性：春天，爬山虎长得郁郁葱葱；夏天，开黄绿色小花；秋天，爬山虎的叶子变成橙黄色

○ 18. 五叶爬山虎（图13.18）

中文名：五叶爬山虎

拉丁名：*Parthenocissus quinquefolia*（*L.*）*Planch.*

别名：美国地锦、五叶地锦

科属：葡萄科爬山虎属

分布：分布于北美和亚洲

生态习性：落叶大藤本，性喜阴湿环境。花期6月，果期10月

图 13.18　五叶爬山虎

使用：具分枝卷须，卷须顶端有吸盘，攀缘长度在20米以上。常用来做墙面绿化

观赏特性：花小，黄绿色。浆果球形，蓝黑色，被白粉，秋色叶红色

○ 19. 扶芳藤（图13.19）

中文名：扶芳藤

拉丁名：*Evonymus fortunei-Eand.-mazz.*

科属：卫矛科卫矛属

图 13.19　扶芳藤

分布：中国华北、华东、中南、西南各地

生态习性：常绿或半常绿灌木。耐阴喜湿润。花期6～7月。果期9～10月

使用：吸附类攀缘植物。攀缘长度1.5米。适用于掩盖墙面、山石或老树干，也可在庭院中做地被植物覆盖地面

观赏特性：秋色叶红色，常绿或半常绿

◯ 20. 薜荔（图13.20）

中文名：薜荔

拉丁名：*Ficus pumila Linn.*

图13.20 薜荔

别名：凉粉子，木莲，凉粉果

科属：桑科榕属

分布：分布于中国长江以南至广东、海南等省区

生态习性：攀缘或匍匐灌木。耐贫瘠，抗干旱，对土壤要求不严，适应性强；花果期5～8月

使用：宜将其攀缘岩坡、墙垣和树上

观赏特性：攀缘而上，郁郁葱葱，可增强自然情趣

◯ 21. 金银花（图13.21）

中文名：金银花

图13.21 金银花

拉丁名：*Lonicera Japonica.*

科属：忍冬科忍冬属

分布：原产我国，分布各省

生态习性：多年生半常绿木质藤本植物。适应性很强，喜阳、耐阴，耐寒性强，也耐干旱和水湿，对土壤要求不严。花期4～6月（秋季亦常开花），果熟期10～11月

使用：缠绕类攀缘植物

观赏特性：花初开为白色，后转为黄色。果实圆形，熟时蓝黑色

○ **22. 铁线莲**（图 13.22）

中文名：铁线莲

拉丁名：*Clematis florida Thunb.*

别名：番莲、威灵仙、山木通

科属：毛茛科铁线莲属

分布：原产于中国，广东、
广西、江西、湖南等地均有
分布

生态习性：木质藤本。喜肥
沃、排水良好的碱性壤土，
忌积水或夏季干旱而不能保
水的土壤。耐寒性强，可耐
－20 低温。花期 5～7 月

使用：是攀缘绿化中不可缺

图 13.22　铁线莲

少的良好材料。可种植于墙边、窗前，或依附于乔、灌木之旁，配植
于假山、岩石之间。攀附于花柱、花门、篱笆之上；也可盆栽观赏。
少数种类适宜作地被植物

观赏特性：铁线莲枝叶扶疏，多数小花聚集成大型花序，风趣独特

○ **23. 山荞麦**（图 13.23）

中文名：山荞麦

拉丁名：*Polygonum aubertii L. Henry*

别名：木藤蓼，康藏何首乌，
花蓼

科属：蓼科蓼属

分布：产中国秦岭至青海、
西藏等地

生态习性：落叶藤木。喜光，
耐寒，耐旱，生长快

使用：宜作垂直绿化及地面
覆盖材料

图 13.23　山荞麦

◎ 24. 炮仗花 （图 13.24）

中文名：炮仗花

图 13.24　炮仗花

拉丁名：*Pyrostegiaignea*

别名：黄金珊瑚

科属：紫葳科炮仗花属

分布：原产中美洲。中国广东、广西、海南、云南南部、福建等省（区）常见栽培

生态习性：常绿木质大藤本。花期 1～6 月。性喜向阳环境和肥沃、湿润、酸性的土壤，生长迅速

观赏特性：多用于阳台、花廊、花架、门亭、低层建筑墙面或屋顶作垂直绿化材料。置于花棚、花架、茶座、露天餐厅、庭院门首等处，作顶面及周围的绿化，景色殊佳；也宜地植作花墙，覆盖土坡、石山，或用于高层建筑的阳台作垂直或铺地绿化，显示富丽堂皇，是华南地区重要的攀缘花木

图 13.25　三角梅

◎ 25. 三角梅 （图 13.25）

中文名：三角梅

拉丁名：B. *spectabilis willd* 'Crimsonlake'

别名：九重葛、三叶梅、三角花、叶子花、叶子梅等

分布：中国各地均有栽培

生态习性：常绿攀缘状灌木。喜温暖湿润气候，不耐寒，喜充足光照。耐贫瘠、耐碱、耐干旱、忌积水、耐修剪。在南方一般花期为当年的 10 月份至翌年的 6 月初

观赏特性：冬春之际，姹紫嫣红的苞片展现，给人以奔

放、热烈的感受。宜庭园种植或盆栽观赏。很适宜种植在公园、花圃、棚架等的门前两面，攀缘作门辕，或种植在围墙、水滨、花坛、假山等的周边，作防护性围篱

○ 26. 红花忍冬（图 13.26）

中文名：红花忍冬

拉丁名：*Leycesteriarupicosavar. syringantha*（*Maxim.*）*Zabel.*

别名：贯叶忍冬

科属：忍冬科忍冬属

分布：中国大部分地区多有分布，不少地区已栽培生产，其中以河南、山东所产最为闻名

生态习性：多年生半常绿缠绕灌木。喜温暖湿润和阳光充足的环境。耐寒性强，耐阴，也耐干旱和水湿，萌蘖力强

图 13.26　红花忍冬

观赏习性：绿叶红花，十分醒目。是春、夏季观花藤本。适宜小庭园，草坪边缘，道路两侧和假山前后点缀，蔓条下垂，优雅别致

○ 27. 猕猴桃（图 13.27）

中文名：猕猴桃

拉丁名：*Actinidia chinensis*

科属：猕猴桃科猕猴桃属

分布：长江流域以南，西北河南均有分布

生态习性：落叶藤木。喜光、喜潮湿、不耐干旱。花期 5～6 月，果熟期 8～10 月

使用：需引导，结合棚架绿化及墙垣绿化

观赏特性：花开时乳白色，后变黄色

图 13.27　猕猴桃

28. 白蔹（图 13.28）

中文名：白蔹

拉丁名：*Ampelopsis japonica*（*Thunb.*）*Makino*

图 13.28　白蔹

别名：五爪藤

科属名称：葡萄科，蛇葡萄属

分布：原产中国东北、华北、华东、华中及西南各地

生态习性：多年生半木质藤本攀缘植物，花期 5～6 月，果期 9～10 月

观赏习性：夏季开淡黄色小花。浆果球形，大如豌豆，熟后蓝紫色或白色

使用：园林秀丽轻巧的棚阴植物

29. 使君子（图 13.29）

中文名：使君子

拉丁名：*Quisqualis indica*

图 13.29　使君子

别名：四君子、吏君子、舀求子、留球子

科属名称：使君子科，使君子属

分布：产于马来西亚、印度、缅甸、菲律宾及中国广东、广西、海南岛、四川、云南、福建、台湾等省（区）

生态习性：常绿藤木。幼时呈灌木状。畏风寒，宜栽植于向阳背风的地方，直根性，不耐移植。花开时由白变红，果有 5 棱，熟时黑色

使用：适用于作花廊、棚架绿化等

30. 络石（图 13.30）

中文名：络石

拉丁名：*Trachelospermum jasminoides*

别名：白花藤、石龙藤、万字茉莉

科属名称：夹竹桃科，络石属

分布：主产中国长江流域，分布江苏、浙江、江西、湖北、四川、陕西、山东、河北、福建、广东、台湾等省

生态习性：常绿攀缘藤木。长可达 10 米，具乳汁和气生根。常攀缘在树木、岩石墙垣上生长，初夏 5 月开白色花，形如"万"字，芳香

图 13.30　络石

使用：适于小型花架、墙垣、陡坡、石坎下种植。配置假山攀附其上

○ **31. 藤本月季**（图 13.31）

中文名：藤本月季

拉丁名：*Morden cvs. of Chl-imbers and Ramblers*

别名：藤蔓月季、爬藤月季、爬蔓月季

科属：蔷薇亚科蔷薇属

分布：我国各地多栽培，以河南南阳最为集中

生态习性：藤性灌木。耐寒（比原种稍弱）。喜光，喜肥，要求土壤排水良好

观赏特性：花多色艳，全身开花、花头众多，甚为壮观

图 13.31　藤本月季

使用：攀附于各式通风良好的架、廊之上，可形成花球、花柱、花墙、花海、拱门形、走廊形等景观

○ **32. 蔓长春花**（图 13.32）

中文名：蔓长春花

拉丁名：*Vinca major Linn.*

科属：夹竹桃科长春花属

图 13.32　蔓长春花

分布：原产地中海沿岸及美洲，印度等地也有，我国华东有栽培

生态习性：蔓性半灌木植物。喜温暖湿润，喜阳光也较耐阴，稍耐寒。4～5月开蓝色小花

使用：蔓性生长，生长较迅速，适合悬垂和作为地被

观赏特性：叶片翠绿光滑而富于光泽

⭕ **33. 薯蓣**（图 13.33）

中文名：薯蓣

图 13.33　薯蓣

拉丁名：*Dioscorea opposita*

别名：山药、怀山药、淮山药、土薯、山薯、玉延

科属：薯蓣科薯蓣属

分布：原产山西平遥、介休，现分布于我国华北、西北及长江流域的江西、湖南等地区

生态习性：多年生草本植物。喜光，耐寒性差。宜在排水良好、疏松肥沃的壤土中生长。忌水涝

使用：在园林中可作为攀缘栅栏的立体绿化材料

观赏特性：花乳白色

⭕ **34. 丝瓜**（图 13.34）

中文名：丝瓜

拉丁名：*Luffa cylindrica*（*Linn.*）*Roem.*

别名：天罗、绵瓜、布瓜、天络瓜；天丝瓜、天罗瓜、天吊瓜、倒阳

菜、絮瓜、胜瓜等

科属：葫芦科丝瓜属

分布：我国南、北各地普遍栽培。也广泛栽培于世界温带、热带地区。云南南部有野生，但果较短小

生态习性：一年生攀缘藤本。喜温暖气候，耐高温、高湿，忌低温。对土壤适应性广，宜选择土层深厚、潮湿、富

图 13.34　丝瓜

含有机质的砂壤土，不宜瘠薄的土壤。花果期夏、秋季

使用：攀缘藤本。常用于棚架绿化

◯ 35. 何首乌（图 13.35）

中文名：何首乌

拉丁名：*Fallopia multiflora*（*Thunb.*）*Harald.*

别名：多花蓼、紫乌藤、野苗、交茎、交藤、夜合、桃柳藤、九真藤

科属：蓼科何首乌属

分布：产于陕西南部、甘肃南部、华东、华中、华南、四川、云南及贵州。日本也有

图 13.35　何首乌

生态习性：多年生草本。花期 8～9 月，果期 9～10 月。喜温暖潮湿气候。忌干燥和积水，以选上层深厚、疏松肥沃、排水良好、腐殖质丰富的砂质壤土栽培为宜。黏土不宜种植

◯ 36. 茑萝（图 13.36）

中文名：茑萝

图 13.36　茑萝

拉丁名：*Quamoclit pennata*（Desr.）Bojer.

科属：旋花科番薯属

分布：全国各地都有分布

生态习性：一年生草本花卉。花期从 7 月上旬至 9 月下旬

使用：缠绕类攀缘植物，攀缘性强，体态轻盈，可攀缘长度达 4～5 米

观赏特性：花红色或白色

37. 蔓性天竺葵（图 13.37）

中文名：蔓性天竺葵

图 13.37　蔓性天竺葵

拉丁名：*Pewlargonium Pel-tatum.*

科属：牻牛儿苗科天竺葵属

分布：原产非洲好望角，我国各地均有栽培

生态习性：多年生的草本花卉。喜阳光，不可暴晒，不耐水湿。花期夏季，花期长

使用：蔓性生长适合悬吊

观赏特性：花有深红，粉红及白色等。多种颜色

38. 牵牛花（图 13.38）

中文名：牵牛花

拉丁名：*Ipomoea nil.*

科属：旋花科牵牛属

分布：热带和亚热带地区

生态习性：一年生蔓性缠绕草本花卉。较耐干旱盐碱，不怕高温酷暑，花期 6 月至10 月，大都朝开午谢

使用：缠绕类攀缘植物，攀

图 13.38　牵牛花

缘长度 3～4 米

观赏特性：花冠喇叭样。花色鲜艳美丽

39. 佛手瓜（图 13.39）

中文名：佛手瓜

拉丁名：*Sechium edule*（*Jacq.*）*Swertz.*

科属：葫芦科佛手瓜属

分布：中国浙江、广东、福建、云南、贵州等省

生态习性：多年生宿根草本。无休眠期。喜温、耐热、不耐寒

图 13.39　佛手瓜

使用：具卷须，攀缘长度达到 10 米以上

观赏特性：果形优美

40. 黑眼花（图 13.40）

中文名：黑眼花

拉丁名：*Thunbergia alata.*

科属：爵床科老鸦嘴属

分布：华南各地已驯化，呈野生状态，低海拔山坡常见分布

生态习性：缠绕类攀缘植物。喜光喜高温多湿。春末至秋季开花

图 13.40　黑眼花

使用：色彩金黄明艳，可盆栽、攀附窗台或小花棚等

41. 月光花（图 13.41）

中文名：月光花

拉丁名：*Calonyction aculea-tum*（*Linn.*）*House.*

科属：旋花科月光花属

分布：陕西、江苏、浙江、江西、广东、广西、四川、云南等地通常栽培，也有野

图 13.41　月光花

生的。原产地可能为热带美洲，现广布于全热带

生态习性：一年生草质攀缘藤本。喜阳光充足和温暖，不耐寒。花果期7～10月

观赏特性：花大型，白色，芳香

使用：缠绕类攀缘植物

⭕ 42. 香豌豆（图 13.42）

中文名：香豌豆

拉丁名：*Lathyrus odoratus.*

图 13.42　香豌豆

科属：豆科香豌豆属

分布：北温带、非洲热带、南美高山地区

生态习性：一、二年生攀缘性草本花卉，宜作二年生花卉栽培。北方需入室越冬，喜日照充足，也能耐半阴

观赏特性：花具芳香。花冠碟形，旗斑宽大

使用：卷须类攀缘植物

⭕ 43. 金叶过路黄（图 13.43）

中文名：金叶过路黄

拉丁名：*Lysimachianummu-laria 'Aurea'.*

科属：报春花科珍珠菜属

分布：原产于欧洲、美国东部等地，广为栽培

生态习性：多年生蔓性草本，常绿。6～7月开花，花黄色

攀缘生理：枝条匍匐生长，可达50～60厘米

观赏特性：早春至秋季金黄色，冬季霜后略带暗红色

图 13.43　金叶过路黄

44. 田旋花（图 13.44）

中文名：田旋花

拉丁名：*Convolvulus arvensis* L.

科属：田旋花科田旋花属

分布：分布于我国东北、华北、西北及山东、河南、江苏、四川、西藏等

生态习性：多年生草本。花期 5～8 月，果期 7～9 月

攀缘生理：缠绕类攀缘植物

观赏特性：花冠宽漏斗状，白色或粉红色

图 13.44 田旋花

二、其他立体绿化植物

在城市立体绿化中，除了应用攀缘植物之外，还要用到一些其他类型的植物相互配合，主要是在屋顶花园、桥体绿化和阳台绿化中，以形成优美的四季花园。主要包括一些下垂型植物或部分枝条弓状且下弯的灌木。下垂型植物可选择云南黄馨、红刺玫、黄刺玫、红花忍冬、凌霄、蔓长春花、炮仗花、地被月季、三角梅、常春藤、天门冬、旱金莲、蛇莓、金叶甘薯、花叶活血丹、金叶苔草、花叶燕麦草、佛甲草、垂盆草等；部分枝条弓状且下弯的灌木也适宜短垂吊，如锦带花、金钟花、绣球等。

1. 云南黄馨（图 13.45）

中文名：云南黄馨

拉丁名：*Jasminum mesnyi*

别名：梅氏茉莉、野迎春、云南迎春、金腰带、南迎春

科属：木犀科

分布：原产于我国云南，长江流域以南各地

生态习性：常绿半蔓性灌木。花果期 3～4 月。喜光稍耐阴，

图 13.45 云南黄馨

喜温暖湿润气候

使用：适合花架绿篱或坡地高地悬垂栽培

观赏习性：小枝细长而具悬垂形，常用做绿篱，有很好的绿化效果。其枝条柔软，常如柳条下垂，如植于假山上，其枝条和盛开的黄色花朵，别具风格

● **2. 迎春**（图13.46）

中文名：迎春

拉丁名：*Jasminum nudiflorum*

别名：金梅、金腰带、小黄花

科属：木犀科素馨属

生态习性：性喜阳光，较耐寒冷、干旱和瘠薄。早春先开花，后展叶，花色金黄、繁密

应用：种植于池畔、路旁、山坡及窗户下墙边、或做开花地被、或植于岩石园内

图13.46 迎春

● **3. 红刺玫**（图13.47）

中文名：红刺玫

拉丁名：*Rosa multiflora* var. *cathayensis*

别名：粉团蔷薇

科属：蔷薇科蔷薇属

生态习性：半常绿灌木

观赏特性：花粉红，较大

● **4. 黄刺玫**（图13.48）

中文名：黄刺玫

拉丁名：*Rosa xanthina Lindl.*

图13.47 红刺玫

别名：刺玖花、黄刺莓、破皮刺玫、刺玫花

科属：蔷薇科蔷薇属

分布：各地广为栽培

生态习性：喜光，稍耐阴，耐寒力强。对土壤要求不严，耐干旱和瘠薄，在盐碱土中也能生长，以疏松、肥沃土地为佳。不耐水涝。为落叶灌木花期4～6月；果期7～9月

图 13.48　黄刺玫

观赏特性：是北方春末夏初的重要观赏花木，开花时一片金黄。鲜艳夺目，且花期较长。适合庭园观赏，丛植，花篱。

○ 5. 地被月季 （图 13.49）

中文名：地被月季

科属：蔷薇科蔷薇属

生态习性：匍匐扩张型生长状态。抗性强，耐干旱

观赏特性：不仅四季常绿，又多姿多彩，花头众多，花色艳丽，花期持久，花色品种有鲜红、大红有绒光、玫瑰红、粉红和白色等，花开群体性强。地被月季若与草坪搭配可以起到点缀作用，

图 13.49　地被月季

与其他灌木结合种植，还能起到一种层次分明、错落有致、互相映衬、红绿相间的观赏效果

○ 6. 天门冬 （图 13.50）

中文名：天门冬

拉丁名：*Asparagus cochinchinensis*

别名：三百棒（湖南），丝冬（海南），老虎尾巴根（湖北）

科属：天门冬科天门冬属

图 13.50　天门冬

分布：华东、中南、西南及河北、山西、陕西、甘肃、台湾等地

生态习性：多年生常绿，半蔓生草本。花期 6～8 月。喜温暖湿润、半阴，耐干旱和瘠薄，不耐寒，冬季须保持 6℃以上温度

观赏特性：花多白色，果实绿色，成熟后红色，球形种子黑色

⬤ **7. 旱金莲**（图 13.51）

中文名：旱金莲

拉丁名：*Tropaeolum majus.*

别名：旱荷、寒荷、金莲花、旱莲花、金钱莲、寒金莲、大红雀

科属：旱金莲科旱金莲属

分布：原产南美秘鲁

生态习性：1 年生或多年生的攀缘性植物。花期 2～5 月。喜温暖湿润，阳光充足的环境，不耐湿涝，不耐寒。喜肥沃、排水良好的土壤

观赏特性：盆栽可供室内观赏或装饰阳台、窗台。观花，旱金莲蔓茎缠绕，叶形如碗莲。在承德坝上的深山中，有大片的天然野生的金莲花地，在旱金莲盛开的季节，群花开放，景色非常壮观，又如群蝶飞舞，别具风趣

图 13.51　旱金莲

⬤ **8. 蛇莓**（图 13.52）

中文名：蛇莓

拉丁名：*Duchesnea Indica*
(Andr.) Focke

别名：鸡冠果、野杨梅、蛇
蘑、地莓、蚕莓、三点红、
龙吐珠、狮子尾等

科属：蔷薇科蛇莓属

分布：辽宁、河北、河南、
江苏、安徽、湖北、湖南、
四川、浙江等地

生态习性：多年生草本。植
株低矮，枝叶茂密，花期4～
10月。耐阴、绿色期长

观赏特性：一朵朵黄色的小
花缀于其上，打破了绿色的
沉闷，给人以生命的活力。
同时观花、果、叶，园林效
果突出

图 13.52　蛇莓

9. 金叶甘薯（图 13.53）

中文名：金叶甘薯

拉丁名：*Ipomoea batatas cv.*

生态习性：多年生块根草本，
耐热性好，不耐寒，盛夏生
长迅速

观赏特性：适用于花坛上色
块布置，也可盆栽悬吊观赏

图 13.53　金叶甘薯

10. 花叶活血丹（图 13.54）

中文名：花叶活血丹

学名：*Glechoma hederacea*
'Variegata'

科属：唇形科活血丹属

生态习性：常绿藤本。速生，
耐阴，喜湿润，较耐寒，华

图 13.54　花叶活血丹

东地区以在室内越冬为宜

观赏特性：叶缘具白色斑块，冬季经霜变微红。适于悬吊观赏，或栽作地被植物

○ **11. 金叶苔草**（图 13.55）

图 13.55 金叶苔草

中文名：金叶苔草

拉丁名：*Carex 'Evergold'*

科属：莎草科苔属

生态习性：多年生草本，花期 4～5 月。喜光，耐半阴，不耐涝，适应性较强

观赏特性：可用作花坛、花境镶边观叶植物，也可盆栽观赏

○ **12. 花叶燕麦草**（图 13.56）

中文名：花叶燕麦草

图 13.56 花叶燕麦草

拉丁名：*Arrhenatherum elatius cv Variegatum*

科属：禾本科燕麦草属

生态习性：多年生常绿宿根草本。喜光亦耐阴，喜凉爽湿润气候，也能耐一定的炎热高温，也耐水湿，对土壤要求不严

观赏特性：叶片中肋绿色，两侧呈乳黄色，夏季两侧由乳黄色转为黄色。花境、花坛和大型绿地配景

○ **13. 佛甲草**（图 13.57）

中文名：佛甲草

拉丁名：*Sedum lineare Thunb*

别名：万年草、佛指甲、半枝莲

科属：景天科佛甲草属

分布：云南、贵州、广东、湖南、湖北等地

生态习性：多年生草本植物。生长适应性强，耐寒、耐旱、耐盐碱、耐瘠，抗病虫害。花期4～5月，果期6～7月

观赏特性：草茎肉多汁，碧绿的小叶宛如翡翠，整齐美观，既可作为盆栽欣赏，也可作为露天观赏地被栽植。主要将其用于屋顶绿化

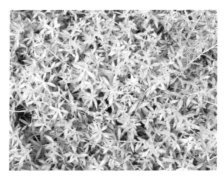

图 13.57　佛甲草

○ **14. 垂盆草**（图 13.58）

中文名：垂盆草

拉丁名：*Sedum sarmentosum Bunge*

别名：地蜈蚣草、鼠牙半枝莲、石指甲、黄开口草、瓜子草等

科属：景天科佛甲草属

分布：我国大部分地区均产，均为野生

生态习性：多年生草本，茎匍匐，易生根。花期5～6月，果期7～8月

图 13.58　垂盆草

○ **15. 锦带花**（图 13.59）

中文名：锦带花

拉丁名：*Weigela florida*

别名：五色海棠、山脂麻、海仙花

科属：忍冬科锦带花属

分布：原产中国长江流域及其以北的广大地区，日本、

图 13.59　锦带花

朝鲜等地也有

生态习性：落叶灌木。花期4～6月。喜光，耐阴，耐寒；对土壤要求不严，能耐瘠薄土壤，但以深厚、湿润而腐殖质丰富的土壤生长最好，怕水涝。萌芽力强，生长迅速

图13.60 金钟花

图13.61 绣球

观赏特性：锦带花枝叶茂密，花色艳丽，适宜庭院墙隅、湖畔群植；也可在树丛林缘作花篱、丛植、配植；点缀于假山、坡地

◯ **16. 金钟花**（图13.60）

中文名：金钟花

拉丁名：*Forsyihia viridissima Lindl*

别名：黄金条、迎春条、细叶连翘

科属：木犀科连翘属

分布：我国江苏、福建、湖北、四川等地

生态习性：落叶灌木。花期3月下旬至4月上旬。喜光照，又耐半阴；还耐热、耐寒耐旱、耐湿；在温暖湿润、背风面阳处，生长良好

观赏特性：先叶开放或花叶同放，花色金黄

◯ **17. 绣球**（图13.61）

中文名：绣球

拉丁名：*Hydrangea macrophylla*（*Thunb.*）*Ser.*

别名：八仙花、紫绣球、粉团花

科属：虎耳草科绣球属

分布：分布于山东、江苏、安徽、浙江、福建、河南、湖北、湖南、广东及其沿海岛屿、广西、四川、贵州、云南等

生态习性：灌木，花期6～8月

观赏特性：花团锦簇，适合做花境布置

参考文献

[1] 胡永红. 城市立体绿化的回顾与展望. 园林，2008，(03)：12-15.

[2] 林雪苹. 浅谈立体花坛造景中植物的应用，福建热作科技，2007，32 (3)：36-39.

[3] 林小峰. 妙在立体 美在植物——日本滨松国际立体花坛大赛追记. 园林，2010，(08) 42-45.

[4] 北京市垂直绿化技术规范.

[5] 黄东光，刘春常，周贤军. 墙面绿化类型分析. 中国花卉报，2010-11-19.

[6] 张宝鑫. 城市立体绿化. 北京：中国林业出版社，2004.

[7] 王丽勉，胡永红，秦 俊. 上海莘庄生态建筑立体绿化的植物配置. 风景园林，2006，(4)：63-65.

[8] 李祖清. 居室阳台绿色环境艺术. 成都：四川科学技术出版社，2002.

[9] 贾春，顾永华. 阳台立体养花. 南京：江苏科学技术出版社，2009.

[10] 周武忠，陆正其. 城市家庭园艺. 北京：中国农业出版社，1999.

[11] 韦三立. 阳台花卉. 北京：金盾出版社，2005.

[12] 黄元森. 阳台养花立体绿化. 济南：山东科学技术出版社，2005.

[13] 杨振华，黄丽霞. 重庆市立体绿化主要形式与实施对策初探. 南方农业：园林花卉版，2008，2 (8)，24-27.

[14] 石双立，司心. 花团锦簇小庭院. 北京：北京工业大学出版社，2004.

[15] 中村次男著. 门廊庭院绿化装饰——实例集. 陈瑶，廖为明译. 南昌：江西科学技术出版社，2001.

[16] 段大娟，周瑞琳，张涛. 立体绿化布局形式与植物选择的探讨. 河北林果研究，2001，(3)：285-289.

[17] 胡海燕，娄钢. 藤本植物立体绿化. 陕西林业科技，2005，(2)：32-34.

[18] 刘博，薛俊华，邓志刚. 浅议立体绿化的原则及方法，LAND GREENING，2010，(10)：45-46.

[19] 朱大明. 住宅屋顶的棚架式绿化设计. 新建筑，1997，(02)：15.

[20] 章怡维. 园林建筑师手记之六——园林花架. 园林，2000，(06)：13.

[21] 李东升，张妙霞，魏素玲. 垂直绿化在城市绿化中的现状及应用策略. 河南科技大学学报：农学版，2003，(04)：54-57.

[22] 陆敏，王洪涛. 园廊在园林中的应用. 农业科技与信息：现代园林，2007，(04)：44-48.

[23] 唐学山等. 园林设计. 北京：中国林业出版社，1996.

[24] 朱曼嘉. 棚架植物栽培与垂直绿化技术. 科技信息，2008，(14)：639-640.

[25] 汪阳. 花架在园林中的应用. 中国园林. 1987，(04)：36-38.

[26] 王仙民. 立体绿化. 北京：中国建筑工业出版社，2010.

[27] 祝遵凌. 景观植物配置. 南京：江苏科学技术出版社，2010.

[28] 顾卫等. 人工坡面植被恢复设计与技术. 北京：中国环境出版社，2009.

[29] 雷一东. 园林绿化方法与实现. 北京：化学工业出版社，2006.

[30] 吴长文，章梦涛，付奇峰. 斜坡喷播绿化技术的研究. 中国水土保持，2000（4）：24-26.

[31] 赵方莹，赵廷宁等. 边坡绿化与生态防护技术. 北京：中国林业出版社，2009.

[32] 李坤新. 园林绿化与管理. 北京：中国林业出版社，2007.

[33] 张东林. 园林绿化种植与养护工程问答实录. 北京：机械工业出版社，2008.

[34] 天津市北方园林市政工程设计院编. 园林绿化基础知识与技术. 天津：天津科学技术出版社，2008.

[35] 郭小平，朱金兆，周心澄等. 植被护坡技术及其应用. 中国水土保持科学，2004，（4）：112-116.

[36] 董冬，何云核，吴根松. 水生植物配置与造景的探讨. 安徽农学通报. 2007，（05）：59-61.

[37] 张华君. 公路边坡生态防护的植物选择. 公路环境保护，2003，（专刊）：37-38.

[38] 吕大伟，杨永红. 客土喷播技术在山区高速公路边坡防护绿化中的应用. 公路交通技术，2006，（3）：41-43.

[39] 谢海松. 关于城市立体绿化的研究. 安徽农业科学，2006，（6）：1081-1082.

[40] 张璐，张尚武. 浅谈城市屋顶绿化的功能和意义. 城市与减灾. 2006，（1）：32-35.

[41] 田中，先旭东，罗敏. 立体花坛的主要类型及其在城市绿化中的作用. 南方农业：园林花卉版，2009，（03）：3-7.

[42] 陈景升，何友均. 国外屋顶绿化现状与基本经验. 中国城市园林，2008，（1）：74-76.

[43] 北京市地方标准 DB11/T 281—2005. 屋顶绿化规范.

[44] 谢浩，朱仁鸿. 屋顶花园的防水设计与施工. 广东园林，2005，（1）：25-27.

[45] 王华，王仙民. 饭店的立体绿化. 风景园林，2006，（4）：50-54.

[46] 赵玮. 立体花坛的施工与养护. 科技信息，2009，（12）248-249.

[47] 王迎新，付彦荣. 立体花坛的制作与欣赏. 农业科技与信息，2007，（5）：80-81.